自醒

从被动努力到主动进步的转变

凤红邪 著

古吴轩出版社

中国·苏州

图书在版编目（CIP）数据

自醒：从被动努力到主动进步的转变 / 凤红邪著.
— 苏州：古吴轩出版社，2017.6
ISBN 978-7-5546-0937-8

Ⅰ.①自… Ⅱ.①凤… Ⅲ.①成功心理—通俗读物
Ⅳ.①B848.4-49

中国版本图书馆 CIP 数据核字 (2017) 第 113919 号

责任编辑：蒋丽华
见习编辑：顾 熙
策 划：刘 吉
封面设计：尚世视觉

书 名：自醒：从被动努力到主动进步的转变
著 者：凤红邪
出版发行：古吴轩出版社
　　　　　地址：苏州市十梓街458号　　　　邮编：215006
　　　　　Http://www.guwuxuancbs.com E-mail：gwxcbs@126.com
　　　　　电话：0512-65233679　　　　传真：0512-65220750
出 版 人：钱经纬
经 销：新华书店
印 刷：三河市兴达印务有限公司
开 本：880×1230 1/32
印 张：8.25
版 次：2017年6月第1版 第1次印刷
书 号：ISBN 978-7-5546-0937-8
定 价：36.00元

如发现印装质量问题，影响阅读，请与印刷厂联系调换。0316-3515999

自序

我们所处的是一个高速发展的时代。

互联网迅速改变着人们的生活方式，科技在迅速颠覆人们对这个世界的认知，这种外界环境的迅速转变，其实与我们的内在并不协调。

对于绝大多数人而言，我们还并没有适应和接受，或者说没有能力去适应和接受这个世界的日新月异。

一切都变得太快，我们没有办法在一件事上真正地、充分地去感受什么，就立刻被一个更大的诱惑吸引了眼球。

于是，我们在不知不觉中变成了一个"合格"的消费者和跟随者，为了物质、虚名、假象、幻想而奔波劳碌。

什么时候你能够停下来，试着给自己哪怕一刻钟不忙碌、不追寻的时间，来感受真实的自己？

　　什么时候你能够拒绝做别人眼中的你，拒绝为了别人而活，而是试着了解自己？

　　什么时候你才能意识到自己努力的被动和无效，而选择回归自己真实的内心呢？

　　这本书就是为了令你能够"自醒"过来。每一个篇文章，愿你都能静下心来仔细阅读，并反思和拷问自己，愿你不是抱着想迅速从这本书中吸取一些现成的、固定的知识或者方法的目的。

　　这本书并不是要教给你什么，而是一次心智成熟的旅程。这个旅程的起点是被动努力，终点是主动进步，而整个旅程只有你自己。

C 目 录
o n t e n t s

Part 1
改变一生的两条法则

Part 2
我们共同的毛病

Part 6
颠覆以往的认知

Part 7
你不是另外一个人

Part 8
精神断舍离

Part 9
从平庸到卓越的秘密

改变一生的两条法则

每个人在本质上都是无法被定性的，你不可能根据你的习惯或你外在的一些表现来定义自己是一个积极的人还是一个消极的人，是一个冷漠的人还是一个热爱生活的人。

01 你如何看待自己

"如何看待自己"不存在正确或错误的说法，只有合适或不合适。

大多数人对于"如何看待自己"这个问题，会在潜意识里加上"正确"两个字，希望能得到比较肯定和积极的回答。

事实上，我并不提倡用"多发现自己身上好的一面""多鼓励自己""你要多努力"这样的方法来建立良性自我认知。一个人的自我认知，应当尽可能保持客观、理性、贴近实际。

假如说"如何看待自己"这个问题有一条评判标准的话，那么唯一的标准应当是，你对自己的评价是否客观，是否符合实际。

如果能通过给你积极鼓励而令你对自己很自信，对现实就有了积极期待的话，那么你也同样可能因为收到消极暗示而轻易地将自己全盘否定，你的自信与对现实的期待也就很容易受到外部条件的影响。

比如你现在对未来感到迷惘和焦虑，你不知道自己想做什么、能做什么，有人会告诉你："你很优秀，没必要让自己在一棵树上吊死。"

但实际上，你优秀还是不优秀，取决于客观的衡量标准，你告诉自己"我很优秀"，然后意志坚定地出去闯荡了，但是你的能力达不到，你就会受到很大的打击，这时你就会陷入更深的自我否定之中。

当我们消极的时候，别人会告诉我们这是很不好的，所以要寻找积极的方法来改变；当我们想获得成功的时候，你会看到许多励志书籍告诉你那些成功人士都是有着很强大的行动力并且对未来抱有美好的期待；当我们失恋、创业失败、被辞退的时候，大多数人在第一时间会想怎么尽快从这种消极的状态中走出来……

这就是问题所在——在我们的思维观念里，遇到问题时情绪的第一反应就是先否定现实。

事物的发展与人的情绪总会出现高潮和低谷的交替，我们的悲伤、沮丧、心痛的情绪本来就是合理的，是我们正常的心理状态的一部分。但是大多数人对于现实有着错误的认知，他们以为生活就应该是快乐多于痛苦的，他们以为人生就应该是顺畅少忧的。

因此，当他们的情绪陷入低潮时，他们就会变得手足无措，无法应对。他们本身的情绪虽是正常的，却因为自身认知的偏差，导致他们无法接受自己情绪的正常状态。

你如果想正确地、清醒地看待自己，那么你最好改掉你以往消极和积极、优点和缺点二分的认知，你将那些先入为主给自己贴的标签全都撕掉，真实的你才能坦然地展现出来。

否则，你的认知就会导致你的现实状态与真实情绪发生冲突和摩擦，从而导致你无法认清自己究竟是怎样的人。

很多人没有面对现实的勇气，不敢承担生命中由不确定因素带来的责任，所以我们倾向于把事物和情绪划分成积极和消极的两个部分，当我们不敢面对现实的时候，就可以用积极的情绪来给自己一些安慰，用消极的情绪来令自己逃避。

无论是消极还是积极，都可能沦为主观意志对于客观现实的一种否定。过分积极，是自欺欺人；过分消极，是自我麻痹。唯有尊重现实，去承担现实中的不确定因素及其产生的后果，明确自己心理边界之外的东西是你无法控制的，这才是成熟看待自己的态度。

接受生命中的不确定因素，接受现实，保持客观，不因主观意志而逃避事实，这不仅仅是你如何看待自己的原则，也当是你如何看待人生的原则。

正确地看待自己，就是认清自己：

你现在拥有什么？

你能做到什么？

你能做到多好？

你在哪方面做得不好？

你是否能够提升？

你自己是否愿意提升？

你的各种习惯给你的生活带来的利弊分别是什么？

哪些习惯可以改变？

哪些习惯你不愿意改变？

你想成为一个什么样的人？

你应该有哪些习惯？

你倾向于怎样思考问题？

现在的你与理想中的你有哪些地方是不重合的？

什么事情是能让你坚持一生的?

做这件事,你需要掌握哪些技能?

……

02 迷茫就是在现实中摇摆

我们总是会错误评判自己，原因有两个。

a.主观意志与现实的偏差

例一：我是一位歌手，举办了一场粉丝见面会。我以为会有成千上万的人为我欢呼，结果见面会只有寥寥数十个人前来参加，我因此很沮丧，感觉自己一无是处，感觉自己唱的歌毫无价值。

例二：我在知乎写了一个回答，回答的质量也许并没有那么高，但机缘巧合之下被推荐而获得了上万个赞，我因此觉得自己非常厉害，觉得自己写的东西非常好。

b.你对于未来的预测和期待影响了你对自身的评价

例如：我和一个身高两米的大块头SOLO篮球①，我看到他

————————————

① SOLO篮球：只有两个人对打的篮球比赛。

那么高大的身材感觉自己肯定打不过他，所以我在SOLO的过程中表现很差，由此我得出自己不适合打篮球的结论。我因此对自身产生了过低的评估。

如今的时代，信息爆炸，各种心灵鸡汤让我们眼花缭乱。今天听了一个大师的讲座，觉得有道理，打了鸡血似的去战斗了；明天看了朋友圈的深度好文，觉得说得真好，人生就是要努力，又打了鸡血似的去战斗了；后天在公司被同事否定了，被女友甩了，顿时又觉得人生了无希望，努力和奋斗是没用的，恨不得放下一切……

很多人总是迷惘，总是找不到目标，其实只是因为自己一直在现实中摇摆。

失恋了，痛苦难过好几天，一个夜晚，你坐在路灯下突然想通了，然后给自己一个温暖的微笑："加油！明天一定会好起来的！"你感觉自己好受了一点，就没那么痛苦了。一直在做着一份你并不喜欢的工作，有一天看了一场励志电影，你觉悟了，人生总有那么多的不如意，你要是想做自己喜欢做的事，必须得先把自己不喜欢做的事做好！然后，想着明天的自己如何努力工作，激情满满地睡下了。合租的室友总是不注意卫生，上厕所不掀马桶盖，每次你都得忍着恶心擦干净再用，碍于面子，你又不好意思当面说他，有一天看了篇文章，原来我们要宽容别人才能令自己更幸福，然后你觉得自己心情舒缓了很多……

过不了几天，你会发现：原来你并没有放下，你还是会想着某个人，明天也并没有好起来；因为你做的不是你喜欢的工作，所以你很难维持激情，慢慢地发现自己还是不快乐；不掀马桶盖的室友令你越来越不满，每次上厕所的时候你都满腔怒火。

你想正确看待自己，想认清自己的本质，必须先学会接受现实。学会接受现实的前提是，你得先学会诚实地对待自己，不欺骗自己。

如果你不能接受现实的残酷与不确定性，那么你将永远活在自欺欺人的假象之中。如果你不能正视现实的可能性与机遇，那么你将永远陷入扼杀自我的消沉之中。

唯有让自己的主观意志尽量尊重、接受、贴合现实，你才能认识并接受自身的缺点，你才能在消沉与自我否定之中看到真正的希望与改变的契机。

a.对自己诚实，停止自欺欺人

你很清楚，为人正直、诚实守信这些你有我有大家有的优点，在现实生活中能给你带来的帮助与收益其实有时很难计量，因此当你评判自己的时候，这种所谓的优点时常表现得很无力。

b. 接受现实，保持客观与理性

不再否定现实，不再用过于积极的想法安慰自己，也不再用过于消极的想法逃避现实。

比如你今年二十二岁，是大学生，感觉自己既没有什么拿得出手的技能，在学校里没有多大成绩，你很忧虑。但是你没有意识到，忧虑的情绪已经把你的眼光局限在自身不好的地方。

保持客观与理性的一个前提，就是你要学会全面看待问题，扩大你的眼界。

然后你会意识到，你在学校里其实有很多拓展人脉的机会，你二十二岁开始意识到自身的问题，这放到大部分的人身上来讲已经算是很不错的了。就算你没有能拿得出手的技能，也不代表你就没有机会去学拿得出手的技能。

客观与理性，会令你意识到在你的心理边界之内的一切都是你可以控制的，在你的心理边界之内你有着无限的可能性。

正是因为你对你心理边界之内的一切有着强大的控制力，所以无论你变得多么惨，你都完全有能力，也有希望去改变自已的状况。

c.反思与自我评估

你不要单纯用优点或缺点来为自己的行为贴标签，你要意识到你的一切行为、一切倾向，只不过是一种"习惯"而已。你应当清楚地知道，哪些习惯给你带来了益处与提升，哪些习惯在损害你，在让你倒退。

每个人在本质上都是无法被定性的，你不可能根据你的习惯或你外在的一些表现来定义自己是一个积极的人还是一个消极的人，是一个冷漠的人还是一个热爱生活的人。

所以，你要如何看待自己呢？

不，你根本不需要考虑如何看待自己，当你希望知道自己是怎样一个人的时候，当你迫切需要给自己定性的时候，那就意味着你正在逃避现实的不确定。

你要接受现实的本质与不确定，这样你才能认清生活的真相。你要接受自身的不确定和无法被定义，这样你才不会给自己设限，你才能意识到你的确有着无数可能性，你才能挣脱目前这短暂的障碍与问题的束缚看清事实的全貌与自己本身。然后你才能知道，今后的人生究竟会通往何方。

03　清醒比努力更重要

努力可以分为两种：一种是清醒的努力，一种是不清醒的努力。其区别就在于，"努力者"在主观意识里是否明确且清晰地知道自己在做什么，以及自己究竟想达到什么目的。

从理论上讲，一个人一旦能清楚地知道自己想要的是什么，并为之付出行动，那他自然就会进入到在别人看来可以被称为努力的状态。而对于努力者自己而言，他并不会在意自己是不是努力的。

但我们也必须意识到两个前提：

a.我们能否付出行动去追求自己的目标，往往会受到思维观念（自己为什么要努力的主观认知）、意志力（能否持续不断地付诸行动）、行为习惯（能否打破固有的行为习惯）、反馈时长（我们需要付出多长时间才会得到回报）等方方面面因素的影响。

　　b.人是一种群体性生物，在客观上，个体总会不可避免地受到普世价值观（给各种行为贴上的好坏善恶等标签）、集体意识、他人的评价、社会的奖惩体系、外界的诱惑等各个方面的影响。

　　在这两个前存在的前提下，我们想要"努力"是一件非常困难的事，因为无论是主观还是客观层面都有着很多限制和影响会令我们懒惰、消极和找不到方向。

　　当我接触的人越来越多之后，通过对不同类型的人进行观察、分析和交流，然后再将他们的经验进行总结之后，我发现想要"努力"其实是一件很简单的事。

　　很多人对努力有着错误的认知。

　　当我们谈到"努力"这个话题时，往往会将其与励志、超越常人、忍受痛苦、坚持付出等观念联系在一起。努力的确和这些观念有着相关性，也的确存在许多的努力的事迹让人感动万分。

　　但是，我接触到的正在努力的人中，只有很少一部分人会认为自己的努力是值得吹嘘的资本，他们也很少会觉得自己的努力很励志，觉得自己比普通人强，他们甚至很少会意识到自己正在努力。他们基本上不会思考自己要怎样才能努力，他们很少纠结自己要不要努力，他们本身就已经处于努力的状态之中，他们只会思考如何将问题解决，怎样提高效率，更多着眼于如何把事情做好。

我们可以将努力视为一道门槛，对于没有跨越这道门槛的人而言，他们看到的只是努力者外在的状态和表现，他们对努力的概念完全是来自自己对努力的想象，并将努力者完全理想化。由此便产生了两个错误理解，而这两个错误理解正是很多人无法努力的最关键的原因。

一是将努力视为一种牺牲。

在很多人的潜意识里，努力意味着舍弃快乐、放弃享受，要减少社交，要承受痛苦，要忍耐枯燥，要坚持不断地付出。但对于真正清醒的努力者而言，努力并不是牺牲，也不是意味着要放弃什么，努力本身就是一种享受，是自我认同感的不断延续，是向着目标不断前进。

人无法坚持做自己不想做的事。如果你不喜欢背单词，你不喜欢跑步，那你几乎不可能仅凭着"要努力"的信念坚持下去。如果对你而言努力意味着牺牲的话，那当你试图去努力的时候，你根本无法真正静下心去付出努力。你只会不断地被痛苦折磨，你的心里会有来自惰性的声音不断地干扰着你，要你放弃，你的"理性"要求自己付出努力，而"感性"提醒你这并不是你想做的，你会因为"理性"和"感性"产生的冲突变得越来越焦虑和烦躁，你会找出无数个理由来说服自己明天再做。

这样你至多只能在外在行为上表现出一副很努力的样子，你可能的确会看很多书，背很多单词，花很长时间来写作，但你真正记住的、真正写出来的却没有什么价值。

可怕的是，有相当多的人喜欢用这种"只是看起来很努力"的努力来自欺欺人和自我感动，他们只谈论自己付出了多少，却刻意地忽略了是否是有效的付出。

所以，你现在应当意识到，努力并不意味着牺牲，当你努力时并不是要和痛苦抗争，你不是在通过强迫自己做自己不想做的事，或者不断地和自己的负面情绪与惰性做抗争这种痛苦的方式来进步。

当你清楚地知道自己的努力是在不断地朝着目标前进，那努力对于你而言应该是一种享受，是一种愉悦的付出，你会在努力时体会到一种全神贯注的状态，不会纠结和焦虑，也不会在努力时有被剥夺感。

你选择用来努力的时间原本可以用在打游戏、逛街、吃零食等这些"享受"的地方，但这绝对不意味着牺牲，也不意味着就放弃了享受。你选择努力是自己的主动选择，努力在你的认知里就成了比打游戏、吃零食等更为高级且收益更大的享受。

由于我们对努力的错误理解，我们将努力视为一种牺牲，所以我们在付出行动时心总会觉得有些不情愿，我们感觉努力要付出"放弃享受"的代价，我们想要努力的意愿会不断和"止损"的意愿做抗争，这就导致我们在努力的时候无法全身心地投入，努力的效果必然会大打折扣。久而久之，我们就会不再信任努力，因为在潜意识里，努力是一种既要牺牲和付出又得不到多大回报的负收益投资，所以我们就不愿再努力。

如果你能转变这种思维观念，将努力视为一种主动选择的愉悦，那么你不仅能够更好地努力，而且努力的效果也会大大提升，你不会在努力的时候再做无意义的自我消耗之事。努力可以成为一种享受，前提是努力是你主观意愿上做的选择。

对努力错误理解的第二点，是没有将想要达到的目标与主观意志上做出努力的选择联系在一起。

大多数人不知道自己想要通过努力到达怎样的层次、达到什么目的。我们从小就被灌输要努力的理念，社会、家长和生活环境告诉我们，努力读书将来才会有好出路，努力工作才能获得体面的生活，然而这些理念不具体，导致大多数人找不到努力的方向。

同时，媒体总在宣传和美化一些励志故事，譬如：被多家企业拒绝的小张最终成为亿万富翁，不服老的王大爷在晚年创造了一项世界纪录……

我们从小受到的教育以及成长的环境将我们带入了一个巨大的误区：我们总是在追逐别人告诉我们应该去追逐的目标，我们的努力是为了达到在别人眼里看来很好、别人都推崇的状态。我们被社会和他人捆绑着前进，我们总是为了别人而活。

实际上，你的内心深处并不一定想要个大房子，不一定想结婚，你也不在乎是否有一份体面的工作，可现实的压力和思维的惯性一直在强迫我们去追寻我们本身并不想要的东西，强迫我们为了一个自己并不想达成的目标而努力。

那些通过自身的努力而成为万众瞩目的明星、身价百万的富翁、指点江山的风云人物的人的确是很厉害，普通人都对这些人崇拜有加，甚至视其为偶像。但是无论这些人多么厉害，如果他们达到的成就并不是你想要达到的，你根本没有任何必要去羡慕这些人，因为他们和你并不在一个频率上，他们的成就和光环对你而言并没有多少值得参考和借鉴的价值。

马云的确是通过努力才做成了阿里巴巴商业帝国，许多人都在分析他的思维方式、生活习惯，将他说的一些话奉为金句，仿佛能从马云身上学到些努力的经验就能像马云一样成功了。马云之所以会努力去做阿里巴巴，那是因为他热爱自己的事业，他所做的是他真正喜欢的、真正想做的事，如果让马云去唱歌、去演戏，让他做着并不喜欢做的事，他就可能不会像现在这样成功了？

许多人总是试图追逐那些光鲜亮丽的目标，但他们的内心深处却又在不断地提醒着自己："我并不想当个律师""我根本不喜欢学英语""我讨厌做产品经理"……在这种情况下，你根本不可能做出真正有效的努力。

努力的前提，是你要先确定你努力的方向是出于你的本心，是你真正想做的事。当你朝着一个你内心并不认同、并不喜欢的方向努力时，你的努力就的确是一种牺牲了，也就是人生的消耗。

如果你在做着自己想做的事，那么你根本就不需要任何激励和自我感动来给予自己力量，不需要任何促使你变得努力的外界动力和方法，因为你本身就已经处于努力的状态中了。

你要意识到现实的诸多限制因素。我们不可能总做自己喜欢做的事，我们很多时候被迫要去做一些自己不喜欢做的事，许多我们不喜欢做的事也需要我们努力去做。

如果你生活的整体方向是朝着自己喜欢做的事、朝着自己想达成的目标在前进，那么那些你不喜欢的、你讨厌做的事也将只是你宏大使命的一部分，你会清醒地为之付出努力。

很多人虽然看起来是行动着、思考着的，但其实和在睡梦中并无区别，他们很少会主动思考问题，他们也并不知道自己每天的所作所为意义何在，他们从没想过自己究竟要去往何方。所以你看到许多人浑浑噩噩地上学，浑浑噩噩地毕业，浑浑噩噩地工作，浑浑噩噩地结婚。他们也曾努力追求过，也曾沉下心坚持付出过，比如上学的时候努力学习，谈恋爱的时候努力为对方付出。但他们却从没想过自己为什么要努力学习？自己通过努力学习要达到什么目的？为这个人付出是否值得？是否是真的想和对方在一起？

如果我们不能为了自己而活，如果我们囿于别人的评价、现实的种种限制而不得不去做一些自己并不喜欢的工作，如果我们还没有遇到自己真正喜欢的人却因为害怕孤单而随便找了个人恋爱，那么我们来这世上走一遭又有何意义呢？

随着年龄的增长，对于生活中的失控感和茫然，我们体会得越来越清晰，我们会发现有些事情做也行，不做也行，有些人见也罢，不见也无妨，所以我们会逐渐感觉生活好像变得越来越不真实，不知不觉时间就过去了，而我们却什么都没有留下。

这种失控感和茫然其实就源于我们从来都没有做过真正的自己，我们也没有明确果断地去追寻过自己的目标，所以未来会变得越来越模糊、越来越不确定，我们的内心也就越来越空虚、越来越浮躁。

我还必须要提醒你，虽然我在鼓励你不要畏惧各种各样的限制，勇敢地去追求自己想做的事，但是你一定要"清醒"。清醒的意思是，你可以选择去做你想做的事，但同时你也完全可以不去做你想做的事，你对此拥有百分之百的绝对选择权。因为我们不可能将现实层面的所有限制都忽略不计，假如你父母身患重病，家里还有妹妹在上学，还欠了一百万元的外债，这个时候你想要追求梦想去造火箭，很明显，做出这样选择的你并不清醒。

　　无论你是否会选择努力去追求梦想，那并不重要，重要的是，你得清楚自己在做什么。

　　如果现实层面的各种因素使你的确不能去做自己想做的事，那就没必要再为此纠结。因为做喜欢的事并不是你必须要做出的选择，所有的选择在本质上都是平等的。

　　人生的旅程就是不断地做出一个又一个的选择，如果每一个选择都是你清醒且主动的选择，那么，在你的生命中，你就是自己的主宰者，这对你而言是值得骄傲的。

04 法则一：为自己而活

你是为自己而活，要对自己的一切负责。

许多人浑浑噩噩就度过了一生，许多人不求上进，许多人痛苦无助，我认为本质的原因就是这些人没有清醒地意识到并且接受：每个人在这个世界上都是"孤独"的，一个人拥有什么、失去什么，所做的选择带来的后果是好是坏，全都取决于自身，和别人毫无关系。

能为生活负责的只有自己，未来是好是坏也都是取决于自己做了哪些努力。

请你再读一遍上面这段话，我相信你一定能够明白我在说什么。

你知道什么是自律吗？

大多数人简单地以为自律就是能够控制自己去做一些自己

不想做的事情。实际上，没有任何人能够强迫你，包括你自己。一个人之所以会做一些他厌恶的、不想做的事，必然是因为在内心更深处有一个更大的意愿支撑着他，他只是在履行自己的意愿，在达到自己的目标的过程中做了一些很必要但不一定是他喜欢的事而已，然而那些他不喜欢做的事，却也是他达成目标必需的一部分。

所以，一个想实现财务自由的人会努力地工作或者学习投资，尽管工作或学习可能都不是他自己喜欢的。

一个想成为伟大作家的人会通读各种风格、各种类型、各种文体的文学作品，尽管总有那么一些是他不喜欢的。

一个想成为世界第一的运动员会抓住一切能用的时间训练，尽管高强度训练下的疲劳是他想逃避的……

为什么他们会去做那些他们不一定喜欢做的事？为什么他们在别人看来是非常自律的人？

那是因为他们都有着一个明确的目标与清晰的意愿，而这些意愿与目标只可能是来自他们已经对现实与自身产生了清醒的认知，他们能够为自己所做的选择和行为负责这一前提。

当你意识到你自己的行为与你的生活之间有着明确的因果关系的时候，你就会懂得对自己负责，从而变得自律。

你不再需要外界给你压力和动力，你不再需要父母再对你耳提面命，你更不需要非得受到别人取得成功这样的刺激才能清醒。因为你知道别人对你的期待或责备都与你本人毫无关系。

你现在所做的一切都会给你未来的生活造成相应的影响，无论你在短时间内得到了什么或失去了什么，那都无所谓，最终在生活中沉淀下来的一切，都是和你真实的能力相匹配的，知此，你就不会再欺骗自己。

我们是群居动物，我们从小被呵护着长大，我们有国家、警察、法律保护着我们，所以在潜意识里我们会混淆群体与个体的概念。

所以，我们总是无法完全独立，我们在潜意识里总是会把属于自己的责任推给别人，我们会下意识地期待别人把我们生活中的一切都打点好。

尽管随着年龄的增长，我们逐渐与父母分开，也在某种程度上逐渐变得成熟，但在心理上还是会习惯性地想依赖别人，出现问题时很少有人第一时间想到的是靠自己的能力去解决。

从小，我们的教育也都在强调集体主义，而我们的生活又是在集体之中，因此从概念上，我们对自身个体的认同是脆弱的，是不明晰的。

大多数人无法面对"孤独"，他们甚至甘愿坐在集体狂欢的角落里也不愿面对真实的自己。日复一日，他们慢慢就和真正的自己绝缘了，他们就活在了集体的光辉之下，他们就活在了别人的目光里，他们就只会用集体的规则与标准来定义自己。

这些人没有发掘自身的意愿，所以他们总是觉得自己无所适从，总是觉得眼前做的并不是自己真正想做的事，直至他们的一生都在一条错误的道路上迷惘和寻找，一生都在漫无目的的挣扎中被虚耗。

只有当一个人敢于跳出"集体"，才能够有勇气面对孤独的本质，面对孤独的自己，才能不再依赖别人，才能真正强大，才能真正成长。

当一个人意识到并且接受要为自己负责的时候，才开始真正地活着。

05　法则二：保持危机感

在这么多年的生活中，我自己在对社会、对世界的认知上做出过无数次大大小小的调整，我尝试过许多不同的生活态度与处世准则，我希望自己能找到无论是从内在还是从外在都能给我源源不断能量的人生信念。

保持危机感，或许不是最好的，不是最有效的，但它却是最有稳定价值的"生存"法则。

人在本质上是一种动物，在物竞天择的自然法则之下，求生本能是我们繁衍至今最强劲的动力。

随着人类的发展，我们建造了房子，拥有了社会福利，还有勤劳的双手，我们最基本的衣食住行等生理需求和安全需求都能够得到保障，因此就使我们的本能退化了。

一个人在何种情况下是最有动力、最敏锐、最警觉、最强大的？

那就是在他的生存受到了威胁，他最基本的生命延续的需求受到了威胁的时候。

因此，保持危机感是一个人从根本上能够发挥自己最大能力与潜力的法则。

不可否认，有些人同样因为对物质的追求、欲望的驱动、对智慧与生命本质的探索等而发挥了自身的力量与潜力，但这种主动出击的人只是少数。对大部分人而言，他们很难因为对某种外物的追求，或仅仅是满足片刻的欲望及成就感而能够打败自身的懒惰与懈怠，去踏踏实实地做一些事情。

只有转变思维，转换看待问题的角度，不再从外界或者是从不可控的因素里来寻求动力，而是激发你最原始的天性。站在现实的层面，这样对大部分人而言会更好一些。

现在，我们来谈谈这一条在生活中的实际操作将是怎样的。

比如戒烟，许多人都知道有一本神奇的书叫作《这本书能让你戒烟》，据说，看完了这本书的人基本都把烟戒了。

但是，很多人会因为"害怕"自己真的把烟戒了而对这本书十分抗拒，所以从一开始他就放弃了改变自己的机会，同时也放弃了与之相随的谨言慎行、赞美别人、坚持努力等能令自己变得更好的机会。

从一开始，你的内心就是抗拒的，无论读多少心灵鸡汤，无论看多少精神格言，对你而言也只是看的时候一时醒脑，一旦丢下手机、放下书本，你还是会像以前一样浑噩度日、懒懒散散。

你会发现，你的放弃或抗拒，恰恰是在绕开"保持危机感"这条法则。

保持危机感是为了即便自己潜意识里讨厌某些事情，但你依然能够坚持去做这件事情。同时，保持危机感也是为了能让你在一开始就清醒地意识到，并真正地接受：你的一切行为，都是为了你自己，你需要为你自己的言行、为你的作为、为你的家人、为你的未来负责。

保持危机感，它是一个起点，是你真正为自己而活的基石。它也从另一个维度上令你变得警觉，让你学会为自己负责。

你戒烟，是因为烟会危害你的健康，甚至危及你的生命；你努力工作，是为了避免失业，避免你在自己各种欲望高涨的时候无法得到满足；你不在晚上十一点之前睡觉，你在第二天就无法保持充沛的精力；你吃太多的垃圾食品，就会危害你的身体健康……

那么，保持危机感到底是一种什么样的状态？具体又该如何操作？

保持危机感，从根本上说就是要变得觉知。

你需要时常提醒自己，并且经常用一些危机来刺激自己。一开始，你可能不会因为害怕虚度光阴、害怕错过时机而马上拥有行动力，但至少会令你不再安然地打游戏、拖延……

为自己负责和保持危机感这两点分别是从内在和外在两个方面去改变自己，其核心是希望能够你能去做一些你想做却从来没有付诸行动的事。

你必须要有耐心，并愿意持之以恒地通过提醒自己，来改变自己潜意识里对自身与现实的认知，从而令你的行为逐渐改变。

这世上不存在一蹴而就的成功方法，也没有你看了马上就能改变人生的文章，重要的是，希望我写的这些文字能给你的思想打开一扇窗，令你意识到，那些深埋在你内心的想法或许可以尝试并坚持一下。

说不定，你的人生就会因此而踏上转折的起点了呢？

Part 2

我们共同的毛病

给自己设置一定的屏蔽外部刺激，打造无干扰的学习和工作环境。给自己设置一定的执行时间，并在这段时间内保持绝对的专注。

01　别在脑海中放大问题

毫无疑问，"拖延"已经成了我们这个时代多数人共有的一个顽劣特征。

互联网上，各类五花八门的资讯与新闻持续刺激我们，商家们为了盈利而利用人们的心理做的各类营销和陷阱，生活节奏的加快与生活压力的增大，教育和社会大众思想对个体观念的影响，等等。这些令我们越来越焦虑，注意力越来越分散，自控力越来越差。

在互联网上搜索"拖延"这个关键词，会发现许多人对"拖延"的五花八门、烦冗复杂的解释与分析。

任何一个概念，只要为大家所熟知，都会被迅速商业化与复杂化——这是互联网时代的一个无可避免的现象。不仅仅是"拖延"，像"焦虑"、"选择恐惧"等概念都被赋予了"症"这个字，其本身的含义明显是被夸大与复杂化了。

恰恰是这种夸大与复杂化，或者说是对"拖延"的过度关注，令我们无法以比较客观的态度来看待"拖延"这一问题。主观上对拖延的抗拒，有可能会令我们产生自责、负罪感、自我否定和自我贬低等负面情绪。

在很大程度上，我们对拖延的担忧和焦虑，以及我们对拖延过度的抗拒与不接纳，反而是加重拖延、令我们更加难以改变自身拖延状态的一个重要原因。

因此，我们首先应当意识到，拖延并不会让我们死掉，也没有绝大多数人想象中那么可怕，如果你对现在的自己不满意的话，也绝非仅仅是拖延让你变得很糟糕。

拖延也好，焦虑也好，这些首先都是我们自身情绪和感受的一部分。不要因为主观上的害怕就对拖延抱有十万分抗拒，如果带着不接纳的心态，我们几乎是不可能改变自己的，因为我们越是抗拒，或越是想一下子改变，就越会将"拖延"这个问题在我们的脑海中放大，改变就会变得特别困难。

在这种时候，我们就很难摆正心态，坚持一点一点去改变，过不了多久，我们就会变得越来越浮躁，感觉自己面对的是巨大的、不可逾越的阻碍，到最后，我们往往就会选择放弃改变。

现在你可以试着"跳出去",从另一个角度来重新审视自己的拖延,试着像一个旁观者一样看着自己拖延时的状态,我相信,你一定能够理解我所说的意思,你也会感受到一种瞬间的放松。你会发现:

——拖延真的没有你想象中那么严重。

——拖延的确是可以轻松改变的。

——你不需要因为拖延而过于担心。

02 有意识地觉察

下面我们来探讨一下拖延的形成原因。

第一个原因，也是最常见的原因：**诱惑**。

诱惑，涉及两点：包括外部环境的诱惑和我们自身对诱惑的掌控力。这两者是相互交织、相互影响的。

处在一个充满诱惑的环境中必然会影响我们做事的专注力，比如手机时刻在推送着各类消息的弹窗、新闻里充满了吸引眼球的标题等。而我们的自控力决定了我们会不会在文章写到一半的时候打起了游戏，敲了几行代码后能不能克制住想明天再写的冲动，在学习的过程中会不会时常分神……

第二个原因：对现在所做的事情有抗拒、厌恶的情绪，或没有足够的激情。

比如，理想是成为一个建筑设计师，而现在在做的却是快递员的工作；虽然是从事着自己喜欢的互联网行业，却不被领导看重，也没有施展才华的机会……

第三个原因：较低的自我效能感。

自我效能感是指个体对自己是否能够成功地完成某一事情的主观判断。

比如，小张立志每晚八点开始学英语，但转念一想，反正自己的英语这么差，就算学也不一定能学好，那又何必浪费时间呢？于是，他就放弃了。

更可怕的是，那些意识到自己的拖延并以此为理由的人，他们在做一项计划之前就下意识地认为自己一定会拖延，于是干脆就拖延吧。

比如，我自己在写作时，有时候就觉得我总会拖延，我觉得今天晚上一定写不完，那就可能会等到明天再写。到了第二天晚上，我又会觉得我的拖延一定会导致无法完成，于是又拖到了第三天晚上……

这种情况下的逻辑就是，我拖延，是因为我有拖延的习惯，我知道自己反正会拖延完不成，那不如就继续拖延下去吧。

对于拖延者而言，比较要命的一点是，成功的经验会增强自我效能感，失败的经验会降低自我效能感。也就是说，你越拖延，你的自我效能感就越低，你的自我效能感越低，你就越拖延。这样，你便陷入了一个恶性循环。

此外的原因则因个体不同而有所差异，如：缺乏反馈、认知错误、自我设限等错综复杂交织在一起导致严重的拖延。

如何改变拖延？

虽然每个人拖延的原因都是各不相同的，但在人类的复杂性之中还是包含着许多的同一性，所以从某种意义上来讲我们并不需要将每个人拖延的原因都分析得清清楚楚再对症下药，我们完全可以依靠一些具有普遍性的方法或信念来改变自己。

如果你能够意识到自己的拖延究竟是哪些原因造成的当然最好。

改变拖延的第一步在于：唤醒自我意识。

即你必须要在拖延的时候意识到自己是在拖延。

你现在可能会以为我说的是废话，但凡是一个正常人怎么可能不知道自己拖延的时候是在拖延呢？但我想表达的是，许多人虽然看似知道自己是在拖延，但是拖延在他们的认知中只不过是一个名词、一个概念，他们其实还是处于惯常的无意识中。

唤醒自我意识，就是让你自己保持着强烈的清醒与觉知。

当你没有做自己的工作而在上网时，当你躺在床上玩游戏逃避要写的稿子时，当你连续一周每晚望着你的脏衣服发呆却不愿意去洗的时候……你要真的知道自己就是在进行着无意义的拖延。

你必须让自己真切地认识到拖延会导致的严重后果——工作做不完被领导批评甚至被开除，稿子写不完会被编辑催促甚至导致违约，脏衣服只有你自己洗拖到多久都没有用——而不是刻意忽略后果只顾安慰自己还有时间。

当你清醒地意识到自己是在拖延时，你的脑海中就会有个声音不断地提醒你："快开始做我应该做的事！"只要你保持清醒，你必然会无法再心安理得地继续拖延，你那清醒的认知最终会令你不得不开始逼迫自己去做该做的事情。

但是需要注意的是，当你保持着清醒的自我意识来看待自己的拖延时，大多数人在心理上还同时会伴随着对自我的否定，给自己压力，不由自主地给自己心理暗示，催促自己。在这种时刻千万要记得，你只需要不断地提醒自己要开始去做事了即可，不要给自己太大的压力，也不要给自己施加任何的预设评判。

由此，便引出改变拖延的一个重要原则：不要给自己压力，不要对自己有负面的评价，你不需要自责，不需要焦虑，不需

要自我责备。

许多人习惯性地认为自责和自我批判是能够促使自己上进和改变的动力，然而实际上越是给自己压力，越是强烈地责怪自己，就越是会令自己的拖延越来越严重，最后甚至会放弃上进。

这是因为很多人根本就没有意识到，意志力也是一种有限的生理资源。这意味着，一旦你在一件事上花费了过多的意志力，那么在面对其他事情的时候，你的自控力必然会下降。

当我们被大量的负面情绪包围，陷入自我否定和压力中时，我们首先要花费一定的意志力来安抚自己的情绪，去抵抗压力。在这种情况下，本来意志力就不强的我们，就更无力去控制自己了。

我们的大脑无法区分发自内心的快乐和对多巴胺的渴望之间的区别，在压力和自我否定启动的情况下，我们的大脑处在极不舒服的状态中，所以在这时我们会本能地寻求一些使自己放松的方法来麻痹自己的大脑，使大脑暂时感觉到快乐。

什么样的快乐和放松来的最容易？

当然是玩游戏、吃零食、刷微博、看电视剧等。

于是，我们不仅没有办法开始去做自己应该做的事，反而在不知不觉中将注意力放在了游戏、看电视剧、刷微博等这些浪费时间的消遣上。

而实际上，我们此时只是被大脑蒙骗了而已，这些消遣虽然能带给我们表面上的快乐，但实际上我们的内心很清楚这种由分泌多巴胺得来的"快乐"是虚假的，是靠不住的，我们并不能由此获得真正的快乐，我们只会越玩越焦虑，越玩越心烦意乱。

你也知道自己并不是真的享受玩游戏或刷微博，你在玩游戏的时候，你并不是真投入，你甚至一心想着尽快结束；你吃零食的时候，你也是食不知味，你只是没由来地尽可能地往自己的嘴里塞更多食物；刷微博的时候，你几乎也找不到自己感兴趣的内容，你的手指只是不由自主地在不停地滑动着……

我相信许多人在处于这种无聊或烦躁的状态中时，都十分费解。你不明白为什么明明在消遣、娱乐，却没有使自己真正开心起来，可你却控制不住自己，你自己明明在做着消耗自己的事情，可就是停不下来。

其实很简单，我们只需要认清哪些"快乐"是大脑诱导我们造成的假象即可。当然，这并不是说任何时候的玩游戏、刷微博带给你的快乐都是虚假的，而是你自己要分清楚，什么才是你内心最真实的感受。当你是为了逃避要做的事情、无法面对空虚、不敢面对自身的问题转而试图用微博、游戏等来麻痹自己时，你内心绝对可以清楚地感受到你并不是真的快乐。

因此，当你再次拖延的时候，即便你没办法让自己马上开始做事，但也绝对不要用刷微博、玩游戏等方法来转移注意力。

你不妨试着直接面对你拖延的恐慌，直接面对拖延过程中无意义的空虚，你必须让自己真正理解到——当你开始直面自己的拖延，即便是什么都不做，直接承认并感受自己的拖延时，你的拖延就已经开始在改善了。

当你因拖延而责怪、怨恨、讨厌自己时，你应该接纳自己。并不是说你要原谅自己、宽恕自己，因为你没有做错任何事，你不需要被原谅，被宽恕，你只需要接纳你自己的拖延就可以了。

那么，接纳自己的拖延是什么意思？

该怎么做？

接纳自己，而不责怪、怨恨自己，难道要夸自己吗？

当你接纳拖延的时候，你其实根本不需要思考此问题，你也根本不需要去思考自己应该怎么做，你接纳拖延，它应该是自然而然的，就好比你不需要思考自己怎么走路、怎么张嘴吃饭、怎么挥拳一样，因为这不是"问题"。

当然，我也清楚你在看完这段文字之后，你还是会感觉无法彻底放松，你还是不能立即接纳，因为你会怀疑竟然要接纳自己的拖延！

接纳自己的一个"缺点"！这似乎违背了常理，你在潜意识里担心：接纳拖延只会令你的拖延变得越来越严重，接纳拖延只会令你不思进取，会令你不再想改变拖延的现状，今后你就会一直被拖延影响，这会毁了你的一生。

不管你有没有意识到，这只是杞人忧天，你得从另一个维度认识到：你所认为的那个常理，是错误的。

当一个处于拖延中的人，不是心怀责备与否定，而是以一个轻松、舒服的态度来面对自己时，这个人的自控力会得到提升，拖延的情况也会明显得以改善。

对于思想上还无法接受接纳这一点的人而言，必须要有一个可操作的方法才能真正理解接纳的意义。这个可操作的方法其实很简单——思考如何将要做的事情做好。

拖延会对我们造成重大影响，其根本原因就在于我们对于拖延过度担忧和期望。跳出这个恶性循环的方法，就是将注意力集中在要做的事情上。

从"我的拖延状况好严重啊""我感觉自己再不改掉拖延的习惯就要完了""后天就要交工作总结了，可我什么都还没做"……改为："这些用户真正的需求是什么？如何收集？""这篇文章的层次和结构该如何安排？""我该如何提升自己的工作效率？"……

你要知道，我们的行为在某种程度上是会受到我们的想法指引的。随着关注点的改变，你会很轻松地由"担心拖延——所以拖延"的模式切换到"思考事情的做法——开始动手"的良性循环中。

改变拖延，就从现在开始。

没错，就是从现在，你在读这句话的时候，你就已经要开始改变你的拖延现状了；就是现在，你会逐渐增强自己的自控力，你会主动练习这篇文章中列举的一些能帮你改善拖延的方法。

因为拖延本身的特殊性，会导致我们拖延改变拖延，所以拖延本身即是问题，又是令这个问题难以解决的原因。

但是你必须意识到：就从现在这一刻起，你已经在开始和拖延做斗争了。不是你想象中的明天早点起床，不是下周开始每天晚上要阅读一个小时，而是就从现在起，就在你读着我写下的这句话的时候，你的"克服拖延"行动已经开始了——你开始专注，你开始有意识地观察自己的状态，调整自己的注意力，让自己的心逐渐平静。

不要给自己找借口，不要给自己找理由。我知道你现在想用"我还没有准备好"这个借口来试图将"克服拖延"行动再往后推。我很明确地告诉你，你永远都不可能有准备好"克服拖延"的时候，因为对于习惯了拖延的你而言，你所谓的"准备好"永远是在明天。

你根本不需要任何的准备，"克服拖延"这件事不需要任何的条件、理由、环境。你开始"克服拖延"的最好也是唯一的契机就是现在。

03 一次只做一件事

给自己制订有可执行性、可量化、截止日期的计划。

习惯了拖延的人，基本都经历了雄心壮志地给自己制订计划的过程，但无论制订多少次计划，却始终没有任何用处，因为这些人根本就不会去执行这些计划。

问题往往出在以下四个方面：

a.你所做的计划不具备可执行性

许多人都认为只要这个计划在理论上和客观条件上看起来可以执行就叫作"可执行性"。这种理解是完全错误的，因为这种思维方式完全忽略了有拖延习惯的人会对执行计划进行习惯性拖延。

怎样把苹果放进冰箱中？所有人都知道——打开冰箱，放入苹果，关上冰箱——这三步就完了。但问题在于，你怎么让一个有拖延习惯的人迈出第一步去打开冰箱呢？

你怎样才能制订出一个让有拖延习惯的你去执行的计划呢？

将"你有拖延习惯，你会拖延"这个前提放在做计划时要考虑的一切之先，这样的话，你所做出来的计划才叫作"有可执行性"。

基于上面这一点，当你思考自己要做的计划时，你才是带着对自身和未来的清醒认知，所以像"从明天开始每天做五十个俯卧撑""每周坚持看至少三部电影""每晚好好学习一个小时"……一些你很难去执行的计划就没有必要浪费时间去做了。

那么，具体的适合你的有可执行性的计划是怎样的呢？

这个是你该思考的重要工作。因为只有你自己最了解自己，只有你才知道什么样的计划虽然一开始自己可能不会喜欢，但至少不会抗拒和厌恶，愿意一点一滴地去尝试。

现在，你找到一张空白纸，或者打开电脑，写下标题"战拖计划"，然后再写下五个小标题："我真的想改变吗？""我对什么感兴趣？""什么样的计划在一开始不会引起我的反感和抗拒？""怎样的计划我才愿意长期坚持？""计划的具体步骤和目标是什么？"

我在前面已经说过了，你的改变拖延从现在起就已经开始了，所以现在就开始制订适合你自己的"战拖"计划吧。

b.你的计划不明确、不可量化

我听过太多激情满满的呐喊："我一定要减肥！""考不上清华我就不谈女朋友！""完不成工作目标我就一年不打游戏！"……

他们可能的确在某些时刻有着非常强烈的想要达到某个目标的欲望，但他们只有着一个目标，他们没有制订任何可量化的、明确的计划，这也许是因为他们潜意识里害怕"战拖"需要付出的努力和辛苦而故意忽视了这必须的步骤。

你要知道，真正的计划是从开始到结束、从时间到步骤都是相当完善的。

例：

目　标：一年后减肥10kg。

方　法：运动。

时　间：2017.4.1 ~ 2018.4.1 每周一、三、五、七晚7:30 ~ 8:00锻炼半个小时。

阶段性执行步骤：

2017.4.1 ~ 2017.6.1 每晚做两组俯卧撑，每组二十个，两组深蹲，每组三十个，三组仰卧起坐，每组四十个。减肥1kg以上。

2017.6.1 ~ 2017.9.1 每晚做四组俯卧撑，每组二十个，四组深蹲，每组三十个，六组仰卧起坐，每组四十个。减肥2kg以上。

完成奖励：每周可以看一部自己一直想看的电影。（这可以根据个人的喜好来，选择对于你而言是"奖励"的，选你自己所喜欢的东西即可。）

……

以上这种计划才叫作明确、具体的计划，你明确了自己具体是要做什么，要做多少，做到何种程度，多长时间做一次，做了之后给自己什么样的奖励来让自己有更多的动力，等等。

仅仅是"我要看书，我要学习"，甚至是"我要看多长时间的书以及看什么样的书"这样的计划是远远不够的，像这一类计划，你还要明确自己的学习效果，这种学习效果可以通过每次阅读后做读书笔记或梳理重点等方式来体现。

你要记住：任何不明确、不可量化的计划都是没有可执行性的。如果你做了一个计划，但它不明确、不可量化，那么这个计划就没有丝毫意义。

c.你的目标太过不切实际，你想要的太多，你没有留给自己逐步适应、逐步改变的时间

改变拖延，最重要的一点就是循序渐进。你原本就是执行力差、注意力不集中、易放弃的拖延者，如果现在立马面对一个宏大的、看起来就很困难的"改变工程"，那毫无疑问，想一下子就完成改变的你，根本就坚持不了多久。

大多数人在制订计划时往往会有太强烈的雄心壮志，他们的内心往往又会隐隐地充满着急躁和焦虑，他们迫切地想要将所有的问题在短时间内一下子解决。

你首先要意识到一点：任何的自我改变都需要一个比较长的时间。你要明白，它绝对没有你想象中那么轻松和短暂。

改变需要时间，所以你不需要给自己太大的压力，你需要有耐心，静下心来，不骄不躁，一点一点地改变自己。不要幻想自己会一下子变得执行力超强，原本每天早上睡到八点四十分才起来的你，不可能一下子六点钟就能起床，然后做半小时的运动，再读两个小时的书。

所以，如果你现在开始"战拖"了，明天早上你能八点

三十起床，这就已经很好了，你能够早十分钟才是一个"靠谱"的开始。

因此，我建议你不妨将自己彻底改变掉拖延习惯的完成时间设置得长一些，一年、两年、三年，甚至五年都可以。时间再长都没有关系，只要你能够改变。

一个再困难的问题，你将它进行分解，每天解决一点，在不知不觉中，这个问题就被解决了。如果你试图一下子将这个问题解决掉，那么你花费再多的时间也可能解决不了，到头来，你一点改变都不会有。

因为问题太大了，不管给你多久时间，你根本就不会开始去做。

还有一个要点就是，一次只改变一件事。

你可以在第一个半年练习早起，第二个半年养成晨起后锻炼的习惯，第三个半年学会逐步提高工作中的效率，第四个半年……

也许你觉得练习早起后刚好可以顺接锻炼，为什么还要分时间段进行呢？在第一个半年直接练习早起锻炼不就行了吗？

问题就在于，你太高估有拖延习惯的自己的意志力了。你必须意识到，一个拖延者的自控力几乎为零，而且意志力是一种有限的、渐渐消耗的生理资源，你能够早起本身就已经消耗了不少的意志力，接下来再想强迫自己去锻炼，根本不可能做到。一旦你在"战拖"的过程中有了一次失败，你就会陷入拖延—失败—再拖延的恶性循环里。

d.你根本就不想改变

其实，拖延本身并不会带给人痛苦，痛苦的往往是那些明明不想改变拖延习惯却强迫自己改变的人。

一个人倘若对自己的拖延现状不以为意，他承认并且也清楚拖延的坏处，他也接受拖延对自己造成的各种影响，也许是他懒得改，也许是他对这些不在乎。总之，他主动选择了不改变自己的拖延，那么拖延对他而言就完全不会造成任何困扰。

倘若你真的决定要改变拖延习惯，那你根本不需要看这篇文章，因为你自己早就已经去做各种尝试了。

你之所以现在在看这篇文章，可能是因为你并不想改变自己的拖延，但当今社会为"拖延"打上的标签让你感觉自己的拖延习惯很不好，所以你下意识地认为需要改变它。

这其实就和一些商家的营销策略给你灌输的"过日子必须买房""结婚必须买钻戒"一样，它们让你生出了一种渴望，无论是得到什么的渴望，还是远离什么的渴望。但实际上，我们并不是一定要买房，有些人租房过了一辈子也没有什么不好；我们也不一定需要钻戒才能结婚，有些人带个易拉罐环都愿意嫁给对方，而且他们的婚姻还很幸福。

所以，问题不在于拖延症有多么不好，虽然别人都说拖延症这个毛病会有很多负面的影响，但你要明白的是改掉拖延症不是必须的，真正的问题在于，你要认清自己的想法。

假如你真的想要改变自己的拖延，那就确定这个信念然后去执行。假如你觉得你的拖延其实也没什么问题，那么你就没必要去改变。

如果你真的不想改变，就没必要强迫自己。比起改变拖延，学会接纳你自己的真实感受要重要得多。

你只有在做自己所喜欢、能带给你成就感的事情时才会充满动力，这种持续不断获得自我认可的状态才会蔓延到你生活的各个领域，填充你生活的其他时刻。

同理，当你做着自己不喜欢的事，你会感觉生命被虚耗，你会感到压抑、不快乐，这种负面的情绪和对自我的否定也会弥漫到你生活的其他层面。你就会不可避免地开始试图逃避现实生活，然后你就会拖延。

如果实在找不到，或是现实的原因使你没办法去做你喜欢的事，那就试着去爱上你正在做的事。

也许现在你每天整理着枯燥的文件，奉承着你不喜欢的领导，你感觉你没有办法喜欢上这些枯燥无味的事情。事实上，人们并不是因为喜欢一件事才愿意不停地去做，而是因为人们能够把一件事做好，能从所做的事情中获得意义感、成就感和自我认同感，才会喜欢做一件事。

所以，你不妨尝试着进行一些有意义的创造和尝试。

当然，我们也必须承认有一些矛盾是不可调和的。比如，你现在身受阻碍无法辞职，但你所做的工作的确无法令你获得意义感，也无法去进行任何有价值的创造，那么你今后还是要继续面对生活的枯燥和压抑，这就是没有办法的了。想要打破这种现状，你就必须鼓起巨大的勇气，主动选择做一些你认为自己不可能做好的事，主动去打破那些你认为自己无法反抗的束缚。

而一旦到了这种时刻，基本就只能靠缘分和极大的随机性来决定你能不能把握住随之而来的机会了，其他人的分析和解读，都毫无用处。

如何提高自己的执行力？

屏蔽外部刺激，打造无干扰的学习和工作环境。给自己设置一定的执行时间，并在这段时间内保持绝对的专注。

前面我们提到过，诱惑与我们抵抗诱惑的自控力是相互交织的两个影响我们执行效率的重要因素。如何提升自己的自控力这是不能简单量化，也非肉眼可见的。因此我们不能寄希望于"增强自控力""控制好自己"这一类的口号。

但隔离外部诱惑，给自己一个无干扰的环境，这是每个人都能够去操作的。写作时关掉手机、断网，工作时不要打开微博、知乎，学习时远离吵闹的宿舍去图书馆……这些，都是屏蔽外部刺激的方法。

对此，我们也不需要一一列举，你只需要回忆一下，你最容易被哪些东西带走注意力，什么会使你分心，然后在学习、工作时将这些暂时屏蔽掉即可。

我们需要给自己设置一定的"执行时间"，那是因为，我们如果不在头脑中给自己一个"仪式化"的提醒，我们就很难进入深入学习和工作的状态。

我们在平时很容易受到外部刺激的诱惑，我们已经习惯了，甚至如同上瘾般不停地享受这些刺激，倘若我们不给自己一个"仪式化"的提醒，那我们就会不停地渴望得到这些外部刺激，这反而会导致我们更容易分心。

因此，给自己设置一个合理的"执行时间"，这是提高我们执行力的一个很有效的方法。

改变拖延，迈出前三步是最难的，一部分人迟迟迈不出尝试的第一步，另一部分的人则在迈出第二步后便满足了，进而松懈了，只有极少数人能够真正坚持下去。

要知道，"战拖"的过程绝不仅仅是"我改变了拖延，我的行动力提升了"这么简单。在这背后可能是你整个行为模式和思维模式同步调整和优化的过程。

人都是一点一滴被改变、被塑造的。你之所以是今天的你，那是因为你几十年的生活积淀。你之所以会在未来改变了拖延的习惯，是因为你从现在便开始了几年甚至更久的坚持改变。

唯有坚持，无有不至。

Part 3

这个世界不可怕

克服社交恐惧的根本方法在于建设自己的心理边界，逐步剔除社会认同给一个人造成的负面影响，建立自我认同。

01　建设心理边界

　　社交的可怕之处在于你会不由自主地在意别人对你的评价，你总会想着去满足别人期待的而你并没有的特质，你会试图通过伪装来获得别人的认可，却损害了你自我认同的能力。

　　参加团体活动，总害怕自己衣着不得体，看上去太土；遇到了喜欢的姑娘，总感觉自己配不上对方，一开始就打消了追求的念头；去饭店吃饭，总感觉别人在偷偷看你，小心翼翼，生怕自己做错了什么，从而引来别人质疑和嘲笑的目光……

　　这就是所谓的"社交恐惧"，其直接原因是你对本我的不接纳，自我认同程度不高，心理边界不清晰，对自身与外界没有清醒的认知。再往更深的层次探究，社交恐惧的原因是自我认同与社会认同之间的矛盾。

　　我们大部分人自我认同感的建立，是来自童年时家长、老师和社会的鼓励与认同，这些来自外界的认同会给不成熟的个体以滋养和力量，从而使个体感到被外界接纳，感到社交环境是安全的，让个体敢于诚实地表达自己。因为这时的个体知道诚实表达自己不会被否定，不会受到伤害，能得到外界环境的正向反馈，所以个体的人格能够得到延展与确立，从而逐步建立起对自己的认同，会相信自己真实的姿态是被肯定的。

在我国，有些父母并不懂得如何照顾、关爱子女，以及如何给予子女正确的引导与包容，如何给予子女爱的滋养，以致有些人的童年有或多或少的缺憾与创伤。

父母倾向于通过"诱导""威吓""打骂""做比较"来让我们达到他们的期望。

比如，我的理想是成为一个歌手，我爸却希望我成为一个公务员。我爸为了让我达到他的期望，他就会"诱导"我：成为公务员，工作稳定、福利又好，还相当体面；或者"威吓"我：当歌手是很辛苦的，虽然表面上风光，但是缺乏隐私；或者拿我跟隔壁的孩子"做比较"：你看隔壁小刘，在学校认真读书，一毕业就考上了公务员，二十五岁就结婚买了房，现在生活安稳、家庭美满，而你呢？到现在还一事无成，连个女朋友都没有！

有些父母在一开始就给孩子设定了结局，他们会按照他们自己的想法去规划孩子的未来和人生，并认为他们规划的人生路线是最好的。一旦孩子提出自己的想法，表露自己的意志，家长就会判定那是"幼稚的""危险的"，直接否定或者打压孩子的想法。

来自父母的"管教""否定"与"打压"是大多数人不自信、不认同自己的最原始的原因。父母在儿童的心目中扮演的是权威的角色，这种权威对儿童造成了容易自我怀疑的不良影响。好就好在，随着一个人年龄的增长，个体的自我意志逐渐完善，儿时的心理创伤会在一定程度上"自愈"。

克服社交恐的根本方法在于建设自己的心理边界，逐步剔除社会认同给一个人造成的负面影响，建立自我认同。

"社交焦虑"的形成大多源于幼年人格未完善时所经历的一些窘迫、糗事、失败等造成的自卑。

这种自卑多是产生于个体童年的性格未定型、人格未完善时期，负面事件对个体精神、价值观和意志所造成的伤害与阴影会非常大，并且很难消除。

这种自卑还会演化成习惯性无助与习惯性逃避，使个体在人格发育时，不敢尝试，不敢迎接挑战，无法得到有利的成长与历练，个体的心智不但不能得到提升，反而会慢慢"萎缩"。

社交焦虑会令你在和别人交往、逛街、上课，甚至是打电话时都会感到不舒服、紧张、恐惧、脸红、心慌……

最可怕的还在于，这种焦虑如果在初期得不到缓解或转移的话，它会逐渐扩大，侵蚀你生活更多的层面，你会因为这种焦虑而产生更多的焦虑。最终，这种焦虑会越来越严重，直至影响你的正常生活，变成精神疾病的一种，令你一旦身处社交场合，就会全身发抖、头晕、恶心、颤抖、手足麻木，无法与他人正常交往。

十五岁和二十九岁左右，是人们最容易产生社交焦虑的两个年纪。

在十五岁这个年纪出现社交焦虑，是在人格未完善时因自卑儿产生的。

二十九岁这个年纪，则是心智已经成熟却容易在社会生活中遭遇重大挫折，家庭、事业等与理想有长期矛盾而逐渐产生出挫败感与焦虑感。

在成人阶段形成的社交焦虑，比在幼年阶段形成的社交焦虑严重得多，心智基本成熟之后，人就会习惯性地给自己"定型"，很难自愈。而且成人阶段要承担的责任很多，所以一个成年人既不敢改变自己（因为可能要面临巨大的风险），又会因这种焦虑影响自己的生活，从而承担更大的压力，这种压力又会令其焦虑感越来越强烈。

02 彻底走出过去的阴影

如何解决社交恐惧和社交焦虑的问题?

被社交恐惧和社交焦虑困扰的朋友们，我十分理解你们的心情。我知道你们可能被这个问题困扰了很久，急迫地想找到解决的方法，想在短期内就解决这个问题。

但是你得先意识到，每个人的心理问题在细微处都千差万别，在生活中形成的思维习惯也绝非一朝一夕就可以改变，你现在因为焦虑而无比痛苦，但是打破恶性焦虑的循环你可能要付出更大的痛苦。

a. 建设自己的心理边界

心理边界是个体在成长过程中产生的一种自我保护机制，是"个体"与"外界"之间的一条清晰的界限，明确哪些是你能够控制的，哪些是你不能控制的。

对于你无法控制的因素，如别人的看法、外界的评价等，当这些与你个人的意愿相悖时，你会明确地意识到这是你心理边界之外的东西，所以不会对你造成伤害。

在心理边界之内，你能够意识到哪些是你能够控制的，所以你就会意识到自己对自己的责任，你会知道你所拥有的一切都取决于你自己做了哪些努力，你受到的伤害与损失，都是你自己的失误与不足造成的。

你会意识到自己是孤独的，只有自己能够为自己负责，然后你就会变得自律，这种自律是不需要压抑欲望，不需要强逼自己的自律，而是由你自己的价值观与思维习惯的改变自然而然产生的在心理边界内对自己百分之百的控制。

因此，当你建立了自己的心理边界之后，对内，你能够积极地去改正和提升自己，弥补自己的缺点和不足；对外，你不再会受到他人评价的影响，你意识到了自己是孤独的这个事实，所以自卑也就不会存在了。

当你对自己和外界都有了清醒的认知之后，你根本不需要别人教你怎样努力，怎样忽略外界的评价，因为你自己本身已经到达了那样的程度，你已经是在自然而然地努力着了，当然也就不在意他人的评价了。

那么，如何建立自己的心理边界？

很遗憾，心理边界的建立并不是可以教授的，心理边界的建立只有通过在生活中不断经历才能完善。你只需要在你的生活中时常去思考心理边界的含义，思考你自己的心理边界应该是怎样的，一段时间以后，你就会有巨大的转变与成长。

b. 改变关注点，打破焦虑恶性循环

我们对自身的认知，取决于过往的关注点。

一个消极的人评价自己的时候，想到的都是过去那些负面的、耻辱的、令人羞愧的记忆；一个积极的人评价自己的时候，想到的都是过去那些正面的、快乐的、荣耀的记忆。每个人过往的经历必然是有积极的，也有消极的，而自我评价的区别，其实就在于每个人的关注点不同。

有一本叫《秘密》的书，阐述了"吸引力法则"，即你关注什么就会吸引来什么。患有社交焦虑的人，可以反思一下，你是否每天都会花许多的时间关注自己的焦虑，关注自己的问题。

你有没有想过，为什么有些人不会受到社交焦虑的影响？

原因在于，这些人根本就不在乎自己有没有社交焦虑这回事，他们并不关注自己在别人眼中是怎样的形象。

社交焦虑一开始的时候对你的影响也许并不大，但是在下一次进行社交时，你忽然想起了自己上次社交时的失败或失误，然后便不自觉地开始担心这次社交是否能表现好，这种顾虑会令你恐慌、恐惧、思维紊乱，从而使你这一次的社交受到影响，等到下一次社交时，你又会因为上次的失败而产生更大的焦虑和担心……于是就陷入了一种死循环之中。

打破社交焦虑恶性循环的唯一方式，就是改变你的关注点，不要再担心自己是不是焦虑，不再担心别人会怎么看你，大不了破罐子破摔。

当你不再关注自己是不是焦虑，焦虑就不会对你的社交产生影响，你越是担心自己的焦虑，越是想改变、想解决，整天满脑子都是"天呐，我又焦虑了，怎么办""我有社交焦虑这是一个很大的障碍啊"，一旦有类似这样的想法，你将会永远陷在死循环里。

所以，你现在至少抽出十分钟来审视自己的生活，你的家庭、你的工作、你爱玩的游戏、你常去的餐厅……想一想生活中还有这么多值得你关注、值得你热爱的事，你又何必把时间浪费在那种伤害你的恶性循环上呢？

当然，我很知道无论我把这个道理说得多么透彻，你也能够明白，但在现实生活中你还是控制不了自己，你还是会无法转移自己的关注点，你还是会不由自主地担心自己的焦虑，甚至看到这里你可能会更加急于通过改变关注点来缓解自己的焦虑，最终却适得其反。

不用担心，解决这个问题的方法其实和焦虑本身、和你的关注点在哪儿并没有关系。请你看下面这一条。

c.建立自我认同

自我认同是指个体依据个人的经历，反思性地理解到的自我

关键词是"反思性"与"理解到"，所以你对自己的反思与理解是要基于你对自身、对外界都有正确、客观、理性的认识这一前提，才能够产生良性的自我认同，客观和理性的自我认知，又需要你建立完善的心理边界。

当你认清自身与外界的界限，学会了为自己负责之后，你才有资格问自己这些问题：

①我是谁？我的本质是什么？

②我是怎么样的人？我的个性、特长与能力是什么？

③我想成为怎样的人？我的愿望和理想是什么？

④我应该做怎么样的人？我的价值观是什么？

你追寻这些问题的答案的过程，就是你建立自我认同的过程。

对大部分人而言，也许你追寻了一生最后还是没有得到答案，但得不到答案并不意味着一无所获，因为在追求答案的过程中，你能够获得许多的"意义感"，因为这种意义感是来自于人的高层次需求，即"自我实现"的需求，所以能够让你产生很强烈的自信与自我认同。

当你走在"自我实现"的道路上时，无论是焦虑还是自卑，抑或是如何面对他人的评价、看法，这些问题都不再是问题了。

由此，你的人格会越来越健全，你的心智会向健康的方向发展得越来越成熟。因为你所做的是满足自身高层次需求的事，所以你不会再去在意一些鸡毛蒜皮的事，生活中那些负面的情绪与阻碍也都不会再困扰到你。

愿你心灵富足，不再被焦虑和恐惧折磨；愿你拥抱真实的自我，获得真正的成长。

03 处理好你一个人的事

当我们讨论孤独时，有的人把孤独理解为一种渴望与外界发生联结的痛苦，有的人把孤独理解为一个人独处，有的人把孤独理解为寂寞……

为了避免不必要的争论和误解，先得给孤独下定义。

在我们的认知中，孤独有两种意思：一是指个体的单独状态，二是指个体精神上有孤独感。

当孤独只是指个体的单独状态时，孤独就是一个中性的形容词，我认为这种孤独是积极孤独。因为一个人对于事物的理解越是偏向现实，越是偏向客观，就代表这个人的心理越成熟。虽然这种孤独的状态本身是中性的，但只要我们对这种孤独的理解是成熟的，这种孤独就是积极的。

然而，大多数人潜意识里所接受的孤独其实是偏向个体的孤独感。这种孤独是指个体的一种心理感受或情绪，往往会因为语境而带有消极的色彩，我认为这种孤独是消极孤独。孤独感对大多数人而言，其潜在的含义多是指独自一人时空虚、寂寞、痛苦、悲伤等负面的感受。

由于很多人对孤独的真实理解倾向于个体的孤独感，所以接下来就从孤独感入手来谈谈孤独。

孤独感是源于对已失去、未得到、幻想中的事物所怀有的一种渴望，这种不可得的渴望是痛苦的。

孤独是几乎所有人类都能够体验到的一种情绪与感情状态。几千年来，人们一直在小说、诗歌、电影等作品中将孤独放大和夸大，而且大多数人都将"孤独"这个词给升华和美化了。人们会在潜意识里将其与天才、高贵等词对接，或者与痛苦、悲伤等情绪联系在一起。孤独和高兴、悲伤、幸福等情绪一样，只是个人心理状态和感受状态的一种。

孤独并不高贵，也并不特殊，更不意味着永恒的焦虑和痛苦。它存在于所有人的共性中，但这并不意味着孤独就是一个人的本质。

不要因为你过去在孤独的时刻是痛苦的就让孤独带上消极的颜色，也不要因为你看了一些讲述天才都是孤独的文章，就给孤独戴上高贵的桂冠。你必须在一开始就抛却各种主观立场上的预设，才能够认清各种表象背后的孤独。

孤独感并不是人类生来就拥有的，而是我们作为群居生物，在个体的成长过程中逐渐产生的一种情绪、感受、认知反应。

每个个体都是单独的，所有人都体会过自己单独的状态，所以当我们回忆自己婴儿时期时，就会容易产生"人生而孤独"这样的想法。"人生而孤独"中这个"孤独"是指单独的状态，与"孤独感"中心理感受的"孤独"是两码事，当我们没有分清这种认定上的偏差时，就会产生错误和混乱。

当你把"人生而孤独"中"孤独"混淆为"孤独感"中的"孤独"，这样就使"人生而孤独"这句单纯对个人状态的外在描述变成了带着情绪和感受色彩的内在描述，这将暗示你自己：我注定一生都会受到孤独所产生的负面情绪的困扰。这种暗示就是为什么你会因为孤独而焦虑，希望逃避孤独、抗拒孤独的根本原因。

你一旦陷入孤独感所带来的负面感受中时，就会急迫地想要从孤独的痛苦中走出来，要么通过自我放纵来否定和逃避自己的真实感受，要么更加彻底地放弃，索性认为自己注定一辈子都要这样孤独下去。

人终究无法欺骗自己，不管你怎样抗拒自己的孤独感，你最终还是无法彻底逃避那些负面感受。你不愿意接受自己的真实感受，又没有其他的方法可以解决问题，所以久而久之你就彻底放弃了。你不逃避，但也不面对，这种比逃避更加消极的方式非常容易转化为抑郁。

我们之所以会产生孤独感，是因为婴幼儿时期对母体的依赖。这种依赖是非常完全的、完整的，因为在那时，我们能否生存下来完全依赖母体的照顾，出于动物的求生本能，我们对母体的爱产生强烈的渴望。

当我们渴望母体的爱却没有得到及时的满足时，一种出于求生本能的恐惧和焦虑便产生了，因为得不到母体的照顾对于我们而言就意味着死亡。

而这种恐惧和焦虑，就是孤独感最原始的来源。

我们最原始的对于爱和照顾的渴望，是此后向外界尝试与探索的原始动力，也是我们希望与他人发生联结，希望得到别人关注和爱等精神需求的原始起点。

当我们意识到不会有来自外界的力量能够持续恒久地照顾我们，当我们意识到自己并不是和外界保持着永远的联结，当我们有着强烈的渴望而无法被满足时，我们逐渐形成了"自我"这个概念。

"自我"这个概念是在婴幼儿时期因为得不到外界的关注而对自己生存产生担忧和焦虑的过程中逐渐形成的。所以一旦当我们独处，当我们不得不面对自己是单独个体时，婴幼儿时期的那种焦虑和恐惧就会再次重现，我们就会产生孤独感。

随着我们逐渐成长，我们的意识水平不断提高，接触的外界事物逐渐变多，最初的对母体的爱的渴望会投射在我们今后生活的方方面面。

因此当我们思念爱人却得不到回应时，身处众人之中却无法和他人产生共鸣时，在群体中习惯了戴着面具又忽然感到疲乏时，等等，都会令我们体会到深深的孤独感。

所以，我想在此再次强调：孤独感的本质是源于对已失去、未得到、幻想中的事物所怀有的一种痛苦的渴望。

孤独感并非是与生俱来的一种感受或情绪，而是由无法被满足的渴望引起的。如果没有渴望，我们就不会有孤独感。这也是一些心智成熟的人非但不会逃避和抗拒孤独，反而会主动地享受孤独的原因。

心智成熟的人在成长过程中，逐渐摆脱了童年心理对他们的影响，不仅仅是孤独感这一点，像害羞、内向、易怒等许许多多的童年心理都是可以在个体不断追求成长的过程中逐渐成熟起来的。

既然谈到了享受孤独这个话题，我们必须意识到，享受孤独也分为消极的和积极的两个方向。

有一些人会主动追求孤独，并不是因为他们真的享受孤独，而是由于对外界的恐惧、对社交的恐惧，他们性格内向，总在生活中受挫，为了逃避外部世界带给他们的痛苦，他们失去了面对生活的勇气，而将自己孤立起来。

这样，虽然他们会陷入持续痛苦的孤独感里，但这种孤独感比外界带来的恐惧与痛苦要小得多。他们也曾一次次地对外界抱有强烈的渴望，但又一次次落空，期望落空所带来的巨大失望，令他们从此对外界不再抱有任何信心，也不再有任何期待。

因此，如果你是属于这种情况，请不要用自己主动追求孤独来显示自己独来独往的潇洒。

你骗不了自己的，你是享受孤独，还是因为在外部世界中受挫而只能选择孤独，你自己很清楚。

从理论上说，我们完全有能力彻底消除孤独感，但在现实生活中，这是不可能的。孤独感这种在个体最脆弱的时由恐惧所形成的心理后遗症，难以完全治愈。

但从另一个角度看，既然孤独感是所有人都必须要面对和体验的一种感受，我们只需将它当作一种客观现实来对待就可以了。

一切痛苦都是来源于对现实的否定、逃避和不接纳，孤独感也是如此。

如果我们能够接受孤独感的存在，而不是抗拒，从某种程度上讲，这意味着你已经长大了，已经能够凭借自己的能力在这世界上生存下去了，你不再需要来自母体的照顾，已经懂得要为自己负责，你不会再被外界一时的热闹和喧嚣左右，不会再渴望从别人那里得到关注和认同，不会在独处时只感到空虚和寂寞。

因为你已经意识到了，任何试图去追逐外在、试图从他人身上获得安全感、试图融入一个热闹的圈子从而令自己暂时摆脱孤独感的行为对自己而言都是一种对心智的损害，任何通过一时逃避将问题向后拖延的行为都只会令问题变得更严重。你已经意识到了不能再欺骗自己，而是必须去面对痛苦，并解决它。

你并不会因为孤独感本身而痛苦，而是因为对孤独感的抗拒和逃避所引起的焦虑与恐惧而痛苦。

你越是想摆脱孤独感，你就越焦虑；你越是焦虑，就越是无法正视你的孤独感；你越是无法正视，那么焦虑就越强烈。由此，便形成了一个恶性循环。

你必须在当下这一刻就正视你的孤独感，停下来，什么都不要做，不要再试图从外界得到点什么。你要感受和面对陷入孤独时的那种心理状态，当你不再试图逃避时，你反而能够从自身狭隘的焦虑中抽离出来，像个旁观者一样不带偏见地审视自身。

人的任何情绪和感受都是带着主观色彩的，因此一旦你能够从自身、从当下的情境抽离出来，那么情绪与感受也就会慢慢弱了。

你在审视自己，所以你就能够逐渐了解自己的情绪和感受是从何而来。一旦你能够理解一种情绪或感受的来源与本质，那么它们就不会再令你痛苦了。

正视自己之后，你还可以使自己的内心变得富足和充实。

我们小时候总是依赖着母体，希望能够从母体那里获得关注和爱，可无论是母体还是外界，永远不可能随时随地给予我们足够的照顾和关注，如果我们把自己是否快乐、是否焦虑的关注点依托在别人的身上，那么我们将永远不可能得到真正的意义感和安全感，我们的内心也就永远难以富足和充实。

只有自己给予自己的爱、安全感和意义感才是永恒的，来自内心的富足的滋养才能令我们真正成长。

那么，我们该如何获得内心的富足和充实？

这个世界上没有任何能够保证你一定可以获得内心的富足和充实的方法。

就个人的心灵与精神层面而言，这个世界上根本不存在只要你按照一定的步骤和法则去做就一定能够令你的心灵达到某种境界的普适性方法。

每个人的内心世界都是无比复杂的，每一个细微处都有着千差万别，未来充满了不确定性因素，我们甚至无法预测十分钟后自己的情绪和思想是怎样的。

所以，心灵的提升与成长是一件非常艰难的事，其艰难的地方就在于，你要鼓起勇气从迷梦中醒来，你要不再盲从于大众的观点和看法，而是走上属于你自己的那条独一无二的道路。这就意味着你所走的每一步都是没有任何经验可以依循的，你必须完全依靠自己，自己承担风险，自己做出选择。

如果把"心智的成熟与内心的富足"比作一个你想要到达

的地方，那么你既不知道这个地方在哪儿，也不知道该走什么样的路线，你唯一知道的就是，你想到达这个地方。

不要试图从别人那里获得任何的经验或指点，也不要试图单纯用心灵鸡汤和励志的话语来激励自己，更不要试图寻找各种各样的借口来安慰自己，你必须让自己直面这样一个事实：获得内心的富足和充实是一件非常艰难的事。

你可以选择走上这条个人冒险之旅，你也可以选择不走这条路。

现实就摆在你的眼前，由你自己去做决定，由你自己来选择。最后只是你自己的选择，没有好与坏，没有褒与贬，而且只是你人生中无数个选择之一。

如果你愿意选择踏上冒险之旅，愿意去争取和获得内心的富足和充实，那么从你做出这个决定的那一刻起，以及在这之后的每一天、每件事，都有可能让你到达目的地。

Part 4

美好只是某种现实

在爱情中，真正有效的努力，在于你真正理解了对方的需求并给予对方真正所需的，以及主动地去思考这段关系的未来并为此负责。在爱情出现了问题后，你能够正视问题而不是逃避问题，既能够坦然地享受爱情的甜蜜，也不否定爱情中的痛苦与挫折。

01　没有完美的存在

在 2015 年的 12 月 21 日 22：31 这个时刻，我终于从一段三个月的失恋痛苦期中走了出来。

在这个三月里，每一天都变得无比漫长，过去每一分每一秒的苦闷和对她的思念都如影随形般萦绕在我的心头。我否定，我逃避，我悲伤……

我终于明白一个人在失恋后是何等痛苦；我也完全理解了一个人对过去的那份不舍，对对方的牵挂；我更清楚了在分手后一次次试图去修复关系、一次次渴望再次得到对方关注，却一次又一次地被冷漠拒绝的那份期待是何等卑微。

在这种时刻，你会感觉自己无比愚蠢，会感觉自己一文不值，因为无论你做了什么，对方根本无动于衷，无论你想做什么，都已经无足轻重，无论你内心多么失落，对方都丝毫不会在意你。

是啊！你算什么呢？

此刻，没有人比你更懂得心上的伤口结了疤又被撕开划了一刀的那种撕心裂肺的惨痛与绝望。

可是又能怎么办呢？

你还是喜欢着对方，正如对方喜欢着另一个人。

但是，我现在理解了一些事情。如果在爱情中有任何事情是可以确定的，那就是除了我们自己以外，我们永远都不可能完全拥有另外一个人。

我们不可能与另一个人做出一定能相守一生的承诺。当我们处于恋爱的状态中，我们更多的是活在一种幻想中，与我们幻想出的那个人恋爱，感受着仿佛已经变得不一样了的自己。

当我们无法认清爱情只是某种现实，而把爱情当成理想的存在时，就意味着悲剧与痛苦的开始。

我知道，接下来说的话，可能会令你倍感抗拒，可能会令你难以面对自己的情绪，但是，我希望你能够静下心来，耐心一些，我很能理解你那种因为失恋的痛苦而抗拒一切的心情。

你甚至会在潜意识里为了逃避而宁愿让自己沉浸在痛苦的情绪之中，把自己完全埋藏在对那个令你又爱又恨的人的思念里才能获得一些安全感，这些都是正常的，也没有任何人有资格责怪你的一时逃避。

但是，无论你怎样难过，无论你怎样悲伤，你都必须在此刻意识到你的责任。你对你自己的责任，你要让自己活得开心、活得快乐的责任，你要让自己正视并超脱失恋的痛苦成长为一个更加成熟的人去面对今后生活的责任。

现在，请你静下心来，放下其他的事情与心里的杂念，暂时停止对那个人的思念，来听我说。

人的许多痛苦，都是源于对现实的不接纳。

我们不接纳现实的原因，一方面是我们在一开始就对现实有着错误的认知，另一方面是我们总会为了暂时的满足、为了对痛苦的短暂逃避而去否定现实。

在爱情中，同样如此。

首先，我们大部分人在一开始就对爱情抱着错误的认知。我们总是把爱情想象得无比美好、幸福，当你和另一个人坠入爱河的时候，就意味着你们每天都会有许多快乐的事情发生。

当你爱上了一个人，不管你有没有觉察到，你都会在潜意识里把这个人认定为你的终身伴侣，你的世界好像除了这个人之外再无其他，你会因为这段关系而变得很幸福、很快乐。

恋爱的确能够带来许多美妙的体验，再加上文学作品和影视作品对爱情的美化，我们认定：爱情是很美好的。

不错，爱情的确是很美好的，但是这种美好是一种被理想化了之后的美好。恋爱中并非只有美好的部分才是爱情，恋爱中那些微妙的情愫、美妙的感受、幸福的体验都只是爱情的一部分，爱情还包括猜忌、嫉妒、牺牲、痛苦等一些负面的东西。

爱情并不全是美好的。爱情和其他带给我们复杂心理感受的事物一样，都只是现实的一种。

你必须要花时间来好好思考这一点，因为我们过去对爱情错误的理想化的认知太过根深蒂固，再加上我们每个人都向往着理想中的完美爱情，会让我们在自己的潜意识里相信"纯粹的爱情""得到了爱情就意味着得到了幸福"之类的观念。

这种纯粹化、理想化让我们把爱情包装成了十分"神圣"的概念。

不仅如此，人类几乎所有的感情都会被过度美化。无论是爱情，还是友情和亲情，恰恰是因为这些东西是无法用实际标准去衡量的，所以我们才能够轻易地将其美化，再轻易地被这些美化过的概念洗脑。

比如我们都觉得亲情是伟大的，我们大多数人都认为每个母亲都会无比疼爱自己的孩子。但现实中，并非所有的母亲都疼爱自己的孩子。这说起来可能有些残忍，但这个世界上确实存在并不疼爱自己孩子的母亲。

无论你找出多少理由来支撑母亲应该疼爱自己的孩子，无论你摆出多少道理，现实中总会有少数母亲不怎么疼爱自己的孩子。你不能说你的想法是"正确"的，或者说你的推论是"合理"的，就去否定现实，现实是不会因你的主观意志而转移。

同样，你现在首先要放下过去对爱情的片面认知，你所想象的、你所坚信的那种爱情只是你以为的爱情，并不是真实的爱情。

你羡慕那些现实中十分合拍的神仙眷侣，并找一些真实存在的理想情侣的案例，以"在现实中明明有这种理想的爱情"作为理由，来支撑你对爱情片面的认知。你抱着这种不成熟爱情观，难免在以后的日子里会受到爱情的伤害。

即便你幸运地拥有了非常理想化的爱情，当你身处其中时，你就会明白所谓理想化的爱情也并非你想象中那般美好。

你要明白，无论是爱情、友情还是亲情，并不是不需要你的努力便自然而然就能够得到的。你能够获得怎样的爱情，你能够获得怎样的亲情和友情，和你工作能够获得多少薪水一样，都需要你去付出，去努力，去用心经营。

很多人失去爱情，其实是因为他们只沉浸在爱情的美好感受中，只愿意享受爱情带来的幸福体验，却从来没有主动地为了维护自己的爱情做一些真正有效的努力。

有些人可能会说："我明明在恋爱的时候非常努力啊！""我会每天叫他起床。""给他买礼物，他心情不好了就陪着他。""下雨了就去接她。"

实际上，这些所谓的努力，只不过是大多数处在热恋中的人都会去做的事，你是下意识地觉得作为恋人你应该给他买礼物或你应该去接她而已。你之所以对他好，只不过是变相满足自己罢了，你感觉自己在为喜欢的人付出，这让你有一种自我成就感，这是来自对自我的认可。

在爱情中，真正有效的努力，在于你真正理解了对方的需求并给予对方真正所需的，以及主动地去思考这段关系的未来并为此负责。在爱情出现了问题后，你能够正视问题而不是逃避问题，既能够坦然地享受爱情的甜蜜，也不否定爱情中的痛苦与挫折。

在爱情中出现各种各样的问题都是正常的，只想享受爱情的甜蜜与幸福，而不愿意去接受爱情中的痛苦与麻烦，是你在失去爱情后变得无比痛苦的根本原因。

你一开始就在潜意识里把爱情中的痛苦、麻烦等负面部分视为不正常，所以你没有办法正常地去面对和接受爱情中的问题，爱情中的任何小问题到了你的眼中，都会被无限放大。

"他为什么不回消息？""他为什么脸色不好看？""他为什么不愿意和我一起吃冰激凌？"……你总会因为一些很小的事情变得小心翼翼。很多人会自欺欺人地把这种反常的谨小慎微解释为"太过在乎对方了"。

其实，那只是因为你把对方和爱情想得太过理想化了。你认为对方不应该不回你消息，你觉得他不该有不悦的神色，你觉得他不和你一起吃冰激凌背后肯定有深层次原因……

无论你们之间有着怎样的亲密关系，他都可以不回你消息，他都可以露出不悦的神色，他都可以不和你一起吃冰激凌……不需要任何理由，他就是可以这么做。

不要以为他不回你消息就是不爱你了，不要找这样的理由来给他的行为以支撑，这完全没有必要。

我知道你需要安全感，我知道你只有给自己一个他为什么会那样做的理由你才不会越来越焦虑。

不要找借口，那只是你用来安慰自己的麻醉剂。

你要接受爱情的不确定性，现实充满了未知，成熟的人能够正视和接受不确定的现实。

爱情本身并不是完美的，也不是痛苦的。你在爱情中是幸福还是痛苦，完全取决于你是谁，取决于你为这段亲密关系做了哪些真正有效的努力。

因为你过去对爱情怀有错误认知，所以你先要打破对爱情理想化的幻想，认识并接受爱情中那些痛苦和消极的部分，然后才能够建立起对爱情更真实的新认知。

此外，你的爱情可能只是出于对孤独的恐惧而渴望别人的陪伴，是想从别人那里获得自我认同。

你只不过是借着爱的名义来隐藏自己内心深处真正的欲望、缺失、空虚和自卑。

为什么会在失恋后这么痛苦？怎么才能走出这种痛苦？

首先，失恋后会在一段时间内非常痛苦，这很正常，也很合理。

我们在一段亲密关系中太过投入，总会令我们一部分的自我边界崩溃。失恋后的痛苦，其实是在逐步修复崩溃的自我边界时的真实感受。当我们的自我边界被修复好了之后，我们就能够走出失恋的阴影，并因为这次破而后立获得成长。

因此，无论我们是用吃喝玩乐等一些显性的手段来回避，还是用沉浸在悲伤情绪里、不停地回忆过去、不停地幻想着能挽回对方等隐性的手段来超脱，最后不仅无法从失恋中获得成长，反而会因此使本该面对的问题被强行压迫在潜意识里，成为一种"心理创伤"。

很多人意识不到自己身上真正的问题，我们不愿意为自己的生活负责，我们不知道自己想要什么，不知道自己该干什么。所以我们一旦拥有了一份爱情，马上就会完全投入进去。爱情在我们的生活中是最能够令我们感到幸福和开心的事，当我们沉浸在爱情中时，就不用去面对自身的问题：懒惰、平庸、没有目标、随波逐流、得过且过……

正因为我们把生活的重心全部放在了爱情上，我们在爱情中投入了很多，所以理所当然地认为对方应该给予我们更多的回报。

于是，在爱情中投入了全部的你就会经常觉得不对等，觉得对方对自己不在乎，抱怨自己为对方付出了太多。

但是你没有意识到，你的完全投入，你为对方的付出，完全是因为自己的心理不成熟，是因为你的生活太空洞，是因为你除了和对方玩名为"爱情"的游戏之外找不到其他更值得期待的事情可做了，所以你才会对对方纠缠不放，且越缠越紧。

你虽然看起来付出了很多，但你在潜意识里是希望能够获得对方回报的，因此你的付出对对方而言就变成了一种无形的压力和勒索。

对你而言，爱情是无比幸福的，因此一旦失恋，你自然觉得痛苦。但最大的问题还不在于痛苦有多么强烈，而在于你无法凭自己的力量主动地、有意识地去面对这种痛苦。

因为你习惯了逃避，你的人生本来就十分空虚，在失恋后，你没有办法通过其他方式获得心理滋养和满足，没有办法正视痛苦，尽快走出失恋的阴影。

要想从失恋的痛苦中走出来，你应当认识到：你并不是一辈子只能和一个人在一起。

我知道，你可能会悄悄地把这个前提作为迅速找到下一个恋爱对象并以此来转移注意力从而令自己不用再面对失恋的痛苦的借口。你千万不要这样想，不要想着走捷径，不要想着绕过问题。

你必须正视问题，正视现实，保持客观，不要用自己的主观意识和小心思故意去歪曲你所必须面对的一切。

我们在潜意识里定义的"终身伴侣"会暗示：一旦我失去这个人，这将成为我一生最大的遗憾，我的未来将因为缺少这个人的陪伴而变得不快乐。于是，我们就被一种巨大的恐慌所笼罩。

解决失恋问题的根本出路，唯有两个字：面对。面对痛苦，面对情绪，面对现实，面对对方并不是你的终身伴侣这一事实，面对你们不可能再复合这一事实，面对你的自身存在很多问题这一事实。

最后你会发现，你真正需要面对的只是你自己。

你需要面对的是真实的自己，你不能够再自欺欺人，你不能够再浑浑噩噩地活着。你必须做出改变，你必须为你自己负责，为你的人生、你的理想、你的生活负责，如果你不主动为改变自己做出努力，那么在未来的亲密关系中，你还是会遇到过去的问题。

你要将自己从对未来、对他人、对外界无休止的幻想中抽离出来，停止自欺，你需要活在当下，一点一滴地修补过去的创伤，一点一滴地改变错误的认知。

　　每一次失恋，对每个人而言，都是一次无比珍贵的剖开伪装、面对自身问题、改变自己、令自己更加成熟的契机。如果你能够意识到这一点，那么失恋后的痛苦对于你而言只不过是一件微不足道的事。

　　当你学会面对自己，学会对自己负责，学会主动解决问题，学会专注于自身的提升与成长时，其他的一切问题都不再重要，其他的一切困扰都不会再令你痛苦。

　　从此，你将足够强大。

02 放弃一生无忧的想法

　　在爱情中丧失了自我的界限，不知道如何保持自我的独立性，是大多数人都会在爱情中遇到的问题。

　　之所以说这是一个问题，是因为我们从小接受和了解的对爱情的"印象"和"概念"大部分是来自小说、电视剧和电影。

　　某些艺术作品中宣扬爱情常常会暗示你"在爱情中就是应该失去自我，在爱情中就是和对方融为一体"，这导致很多人对于爱情有着错误的、不切实际的理解与期待。

　　因此，在爱情认知上的错误传播，令许多人一生都带着对爱情的那种不现实的理解，从而产生了许多的痛苦与悲剧。

　　大部分人在懵懂的青春期产生"爱情"意愿时，往往会把爱情想象得无比美好，幻想着山盟海誓，甚至有的人会在潜意识里把拥有一个一生的伴侣作为人生的最高目标。

现在的小说、电影、电视剧，无论什么题材，总要加上一些爱情的元素，仿佛爱情在人的一生中是无处不在的，大多数故事会以主角最终收获了一份"完美"的爱情作为结局，让很多人以为获得爱情就意味着获得了幸福，找到了真爱就意味自己能变得更好。

然而现实中的爱情，它只不过是生活中的一小部分，爱情和你的亲情、友情、工作、学习等一样，它并没有那么大篇幅。你不能只把某个领域作为你人生的全部。只沉溺于工作的人，不可能享受到爱情的美妙与亲情的温暖；只沉溺于亲情的人，无法获得成长，势必会在爱情和工作中受挫；只沉溺于爱情的人，我们很难遇到。

一个把爱情看得太过重要、赋予爱情太多意义的人，他的亲情、工作、兴趣等就可能得不到很好的发展，他的人生可能就会失衡。他会在伴侣的眼中成为一个无能的、没有吸引力的人，最终他连爱情也会失去。

你的爱情是否美好，你能否在爱情中得到快乐，取决于你是谁，以及你自己的能力与层次。并不是你拥有了爱情就意味着幸福，得到了真爱就能一生无忧。

任何恋爱过的人都会知道，你自以为找到了真爱，但这并不会令你的人生一下子变得很美好，你的未来也不会因为一段爱情而立刻获得很大的改观。你在工作和生活中不开心、不如意，在恋爱中也会带着这种情绪，最后你发现，你的恋爱也没有想象中那么美好。

真正的爱情在本质上是两个独立、成熟个体的相互滋养，令对方成长，令彼此的心智更加成熟。真正的爱情是既有爱的意愿，又为爱付出了行动。

他们感受到了相互的吸引，但并不会为了取悦对方和片刻的欢愉而丧失和损害自己的独立性。他们都坚定地走在属于自己的道路上，不会要求对方必须和自己一路同行，他们只是会在各自的道路有交叉的时候给予对方鼓励和默契的微笑。

他们能够接受现实是充满了未知与不确定性的这一事实，因此他们会尊重对方，他们会享受当下。他们不会束缚对方，不会要求对方必须给出海誓山盟、相守一生的诺言，因为他们知道诺言只是幼稚和不成熟的人用来自欺自慰的借口。

他们能够正视自己的责任，能主动为彼此的关系负责。他们会用心去经营自己的爱情，能够真正地关心对方，能够为恋爱中的问题和矛盾找到解决方法。

对于所有不了解爱情本质的人而言，爱情只不过是因为其心智的不成熟和缺乏安全感，而迫切需要从恋人那里获得安全感，得到心理上的保护。

他们口口声声说自己有多么爱对方，却很少付出实际行动。他们自以为为对方付出了很多，却把对方的付出看作理所当然。他们只说了些"天冷了多穿衣服""感冒了多喝热水"之类看似诚意满满实则并不具有强烈意义感的话，他们在心里或潜意识里根本没有"给对方买药""送对方手套"这种实际付出的概念。

他们只会可怜巴巴地把自己放在受害者与乞讨者的位置，只会空虚地幻想着对方能给自己更多的关注和爱，一旦对方没有满足或忽视了他，就会觉得无比受伤。

他们不愿意承担自己的责任，从不敢主动表达自己的需求。他们从来不知道自己需要为恋爱关系负责，爱情中出了问题，他们不会主动去解决，他们也很少会主动做一些能增进感情的事。

通常他们自己的生活也是一团糟，既没有人生目标，也不知道自己真正想要的是什么，不知道自己生活的意义何在。

在生活中找不到能带给自己意义感的事，一旦自己获得了一份爱情，就会觉得无比幸运，就会无比投入，把全部的重心和注意力都放到爱情上，每时每刻都在想着对方，每分每秒都想和对方发生情感联结。

　　他们总是敏感、脆弱、小心翼翼，在心理上完全依赖对方，却自欺欺人地把这种依赖包装成"太过爱对方"，从而把自己的放在道德制高点上去谴责对方没有满足自己的"不合理的要求"。

　　你必须承认一个事实，其实有一些所谓的"爱情"并不是真正的爱情。你过去有些恋爱经历在本质上只是因为内心空虚、缺乏安全感以及抱着对爱情的错误幻想而和另一个人在一起一段时间而已，而这样的爱情是幼稚的。

　　当然，这种幼稚的爱情并不一定就是不好的。每个人都是从幼稚走向成熟的，幼稚的爱情是自我成长、心智成熟的一个必经阶段。只有你意识到自己的爱情是幼稚的，你才能把握成长的机会，你才有机会改变自己，从幼稚走向成熟。

　　为什么你会在爱情中会失去自我？

　　你会在爱情中失去自我，其实是因为在爱情发生以前，你就没有自我。

　　爱情并不一定会令你变得更好，同样它也不一定会令你变得更坏。你之所以会在爱情中受伤、失败、受挫，是因为你之前就存在了这样或那样的问题，只不过是爱情令这些问题暴露出来了而已。

一个没有明确自我界限的人，当他获得了一份爱情时，自我界限的一部分甚至是大部分就会变得模糊或崩溃。

坠入情网，会令你感觉自己和对方合为一体，感觉个体的自我认知获得了延伸，自我界限崩溃的地方似乎已经把你和外界的一切都联结了起来，这种"感觉"是非常美妙的。

在热恋中，这种自我界限的崩溃其实是很正常的。正是因为这种自我界限的崩溃，令我们打破过去对自身的认知，使自我认知范围拓展了，提高了我们的意识水平。先破而后立，自我界限崩溃了，然后再次建立，这就是爱情让你成长的过程。

但是问题也就在此，大部分人不懂得如何先破而后立，不懂如何在自我界限崩溃后借着这个契机去完善自己。

坠入情网的那种美好感受总是短暂的，一旦对方从这种感受中走了出来，一旦热恋的激情退去，一旦对方崩溃的自我界限开始逐渐修复和完善，而你的自我界限还没有开始修复，那么你的自我就像被打开了一个大缺口，而没有任何能量给予你足够的滋养，你就会越来越空虚。

崩溃后的自我界限，与对方、与外界都找不到联结，你就会被置于极度缺乏安全感的恐惧之中。这种自我界限的缺失会令你在恋爱关系中越来越没有安全感，你就会越来越依赖对方，越来越反复无常，越来越空虚。

　　没有明确的自我界限，这就是大部分人在爱情中失去自我的根本原因。

03 让关注点回归自身

　　把关注点放在自己身上。学会爱自己，关心自己的生活，满足自己的兴趣与需求，好好维护自己的人脉和圈子，看自己想看的书，学一些可以提升自我的技能，树立自己的人生目标并为之奋斗。

　　你有没有想过，为什么你会在爱情中丧失自我界限？

　　原因在于，你被爱情、被你的恋人迷住了眼。你不再去考虑其他，你不再关心自己真正的问题，在你的心中只有爱情而其他都变成了浮云。

　　一段时间过后，你内心会因为自我边界的丧失而无比痛苦，但你却还想继续沉浸在爱情中，不肯正视自己内心的痛苦，你以为你的问题只是存在于爱情中，你以为只要解决了目前爱情遇到的困境你就会没事了。

不是的。

你在爱情中会不会幸福，取决于"你是谁"，而不是你在一段爱情关系中的表现，或者你在和谁谈恋爱。

你必须意识到，爱情中的许多问题并不能仅仅靠在爱情关系中为彼此改变而改变，而是需要你自身的整体转变。

就像你因为工作业绩不佳而被上司讨厌，于是你请上司吃饭，为他端茶倒水，这并不会起到什么作用，因为你只是在做着表面工作，而没有解决真正的问题。你要改变你的工作态度，调整你的工作方法，提升你的工作技能，让你的工作业绩获得真正的提高，你的上司才会改变对你的看法。

那么，究竟要怎么做才能改变呢？

a.关心自己的生活

好好吃饭，注意营养搭配。每周抽出三天，每天用半个小时来锻炼。买自己喜欢的生活用品，不将就。

做自己热爱的工作，投入时间培养自己的兴趣，去自己想去的地方，让自己开心。

b.维护好自己的人脉和圈子

你现在有关系很好的朋友吗？你能找到志同道合的人聚会吗？你有一个能在思想层面与你共振、与你交流的挚友吗？你会给朋友打电话吗？你会和朋友聊一聊近况吗？你会去参加同行业的交流会吗？

其实，这些是你完全可以想到，也完全可以执行的方法。但你觉得这些方法没用，你觉得是空话。事实上，只是因为你不愿意付出行动而已。

网络上有那么多的人生建议，你嗤之以鼻：心灵鸡汤，没用。但你却从不承认，心灵鸡汤之所以对你没用，只是因为你懒而已。

我想，大多数人都会觉得我给出的"如何避免在爱情中失去自我"的解答太过简略。没错，的确很简略。难道你没有发现，我在前面就已经告诉了你解决这个问题的办法了吗？

比如：真正处于爱情中的人，能接受现实是充满了未知与不确定性的这一事实，因此他们会尊重对方，他们会享受当下。他们不会束缚对方，不会要求对方必须给出山盟海誓、相守一生的诺言，因为他们知道诺言只是幼稚和不成熟的人用来自欺自慰的借口。他们能够正视自己的责任，能主动为彼此的关系负责。他们会用心去经营自己的爱情，能够真正地关心对方，能够为恋爱中的问题和矛盾寻找解决方法。

这些难道不正是你所欠缺的，并且你也可以尝试去改变的吗？

一个人的转变和提升，关键就是看他"做到"了什么，而不是看他"明白"了什么、"理解"了什么。

你看完我这篇文章，点点头说："嗯，有道理，我懂了。"然后，你继续抱着手机等你的恋人回复你的消息。你觉得自己可能转变吗？

懒很可怕，但比懒更可怕的是蠢。明知道自己不够优秀，明知道自己没有能够吸引对方的地方，明知道自己只躲在角落里苦等不会有任何希望，明知道自己身上存在许多问题，然而就是不付出行动去改变。这就叫作愚蠢。

现在你怎么想？现在你对自己有何感受？现在你打算付出怎样的行动？

静下心来，坦诚地评估一下自己，改变与成长从来都不会从天而降，好运与幸福只会降临在付出了行动的人身上。

Part 5

明确做事的动机

自律是建立在现实的利害关系之上的，这样的自律才是有效的、自然而然的，不会被你轻易放弃的。如果你对现实没有清醒的认知，你会更容易自欺欺人、得过且过，你会目光短浅，沉溺于一时的欢娱和放纵，而忽视真正的问题。

01　关注事情本身

在很多人的观念里，"自控力"通常是指一个人能够比一般人更好地控制自己的行为与情绪，更好地执行自己所做的决定，并且能够抑制自身的负面和消极的欲望、情绪和行为，这个概念带有积极的属性。

但问题在于，"自控力"这个词只是对人类的一些行为及状态一种总结性名称，而大部分人囿于这一概念，对此产生了错误的理解。

自控力并不是一种可以通过学习而得到提升的个人品质，自控力并非硬逼着自己去做你根本坚持不了的事，也不是为了不被欲望左右、不被外界事物诱惑而拼命忍耐。

自控，是那些符合"自控力"定义的人表现出来的自然而然的状态。

一个没有自控力的人，如果仅仅想从外在行为和表现上约束自己，努力让自己拒绝诱惑，让自己咬牙坚持，那么他几乎不可能拥有自控力。

因为他的出发点已经错了，在一个错误的基础上所做的一切努力，都只是在令他的行为去符合自控力的定义。

自控力，是人的一种自然而然的行为表现。这种行为表现是受一个人内在对世界的认知、思考习惯、思维逻辑等因素的驱动后所展现出来的一种个人状态。所以，在没有自控力的人看来，坚持投入地做有价值的事，推迟满足感，抑制住欲望等，是十分困难的，而拥有自控力的人就能做到，甚至是轻而易举。

一个有自控力的人，不会去思考"什么是自控力""怎样拥有自控力""怎样才是有自控力的表现"这些问题，他会不假思索地在做事过程中展现自己的自控力。比如，她正在抵制美食的诱惑而努力锻炼，他正在全神贯注地做着自己的事业，他正在一丝不苟地看着书……

有自控力的人做事，的确符合自控力的定义，但他却不是为了让自己成为一个有自控力的人，不是为了让自己的行为符合自控力的标准，他所关注的是事情本身，而不是为了符合某个名词的概念。

如果我们想探究自控力的本质，应该思考的是那些拥有自控力的人为什么能够自控在意识层面上的原因，从他们的思维模式、看待问题的角度等一些内在因素中去寻找答案。

如果我们能够理解自控力的本质，那么我们自然有望达到自律的境界。

对此，很多人往往一叶障目，被一些表面的现象所迷惑，舍本逐末。他们妄图通过外在的"努力""坚持"之类看起来很励志口号来改变自己，妄图通过逼迫自己去习惯做自己并不想做的事，然后把自己在习惯了和适应了之后的麻木当成自己的成长与改变。这种思路不仅是错误的、十分愚蠢的，而且是有害的。

许许多多的文章，有各式各样的回答，都只不过是看起来有道理，看起来能够解决问题，但却不会有丝毫实际效果。真正能够解决问题的，是那些告诉你怎样做到努力、怎样变得专注的方法。

很有意思的是，很多人反而不愿意去接受那些能真正解决问题的方法。因为能真正解决问题的方法，乍看上去十分复杂。

比如，你是个中学生，一次考试没有考好，原因在于你英语听力不好，很多单词拼写有错误，你的语文课文也都没有背熟，有好多生僻字还不会写，数学的二次函数也学得一塌糊涂，物理不会用最基本的定理，记不住历史年表……

　　这个时候，如果你想解决这个问题，你就要一项一项解决，去练习英语听力、多背单词，背语文课文、学生僻字，多做方程题，背定理，记历史年表……

　　很显然，这个真正解决问题的方法对你而言太麻烦了，而深层原因在于，你讨厌英语听力、讨厌背课文、讨厌物理定理、讨厌记历史年表……所以，你更愿意去相信"努力就有回报""坚持就能成功"等听起来很有道理的话。你只需要做出努力和坚持的样子就可以了，你只需要熬夜看几遍那些你早已掌握的、再看多少遍也不会对你有帮助的知识点，你只需要连做五十道你擅长的数学题，然后你就可以告诉自己已经付出努力了，你已经坚持了，所以接下来，问题就该解决好了。

　　自始至终，你都没有去面对自己真正的问题，你没有付出切实有效的努力，你只不过是在用"努力就有回报""坚持就能成功"这样的励志口号来掩饰你的懒惰，以此来欺骗自己、感动自己。

　　在大众心理中，还有许许多多的类似于以上这种集体自欺的陷阱，上面举的这个例子是为了帮助你从集体自欺中清醒过来。如果你现在明白了我说的"清醒"是什么意思，请继续往下看。

02 趋利避害的选择

　　如果一定要给自控力下一个定义的话，它其实是指一个人对自身与现实的卓越认知能力，重点就在于"卓越"。

　　比如，一个大学生每天早上六点起床去图书馆学习，因为他很清楚自己的目标是考研，需要投入大量的时间去学习，而图书馆的座位是有限的，他必须早起才能抢到座位。反过来，这不是因为他觉得："啊！我是一个有自控力的人！我要努力！我要奋斗！我要早起才算是自律！"

　　有一个试验中，一个孩子选择忍耐半小时不吃手中的糖，半个小时后他得到了两颗糖。他之所以能够抵制住诱惑，是因为他清楚地认识到，只要他忍耐半小时就能得到两颗糖，如果放弃忍耐，就只能得到一颗，在权衡利弊之后，他认识到忍耐比不忍耐获得的利益更大。

同样，这不是因为他觉得："要推迟自己的满足感！只有善于忍耐才能成功！小不忍则乱大谋！"

的确不乏因为觉得自己应该努力、应该忍耐、应该奋斗而早起占座或选择推迟满足感的人，但是这种人的自控力只是建立在一种虚无的意义感之上。在现实中，他们没有明确的落脚点，所以他们的这种自控力只不过是一种短暂的假象。

人类的一切行为的动力，从本质上说，都是来自趋利避害。一个人是否拥有自控力，是否愿意自律，均是出于趋利避害的衡量。如果你相信自律的利大于弊，那么根本不需要外界的强制，不需要强调如何努力，你自然而然地就能够自律。

重点在于：第一，你选择自律后的结果的确是利大于害；第二，你认同并且相信选择自律后的结果的确是利大于害。

我们都能够意识到选择自律能给自己带来的是利大于害，但我们可能并没有认同和相信，并且接受这一点。在我们的潜意识里，我们认为自律所要付出的代价远远超过选择安逸，超过选择懒懒散散。

说到底，问题出在了我们的短视与急功近利上。我们想要的是一付出就马上能得到回报，在我们心里，对未来是否能够因为坚持自律而得到回报没有明确的答案，我们担心的是，即便自律了依然无法得到想要的回报，所以在很多时候，我们一开始就放弃了自律的念头。

一个人如果能够对自身和现实都有清醒的认知，就能够正确地权衡利弊关系，就能清醒地认识到自己的问题，就会知道自己想要的是什么，就知道自己该做什么。而当一个人知道自己该做什么的时候，自律也就自然而然地降临了，他会变得对自己负责，能毫不犹豫地付出专注和努力。

一个人正在做自己想做的事情，必然伴随着自律。

但还有一个问题，那就是大部分人对于"利"与"害"有着错误的认知。

"利"与"害"分为心理上的与现实中的，以及长期的与短期的。

心理上的利害，是指你感觉起来是好或坏，符合还是违背你的价值观，你获得的是意义感还是虚无感，等等，往往带有个人主观色彩。现实中的利害，是指那些可衡量的，所有人都能分辨清楚的，是客观的。

长期的与短期的利害，是指你选择做一件事，给你带来的益处和害处是会在短期内兑现，还是会在很久以后才兑现。人总是对短期的利害很敏感，而对长期的利害不太敏感。

　　我们在幼年时，通常没有受过太多磨炼，没怎么经历过很久之后才给予回报的事，这导致我们对于长期的利害没有经验。我们童年时有父母的照顾，不需要忧虑自己的生存。因而即便养成了一些坏习惯，也不会马上就对我们造成太大的影响与伤害。所以，我们在潜意识里会习惯性地认为自己是安全的，觉得那些坏习惯并不会毁了我们，于是，我们慢慢地变得短视，变得拖延，变得没有自控力。

　　大部分人对于利害的认知仅仅停留在"带来实际的好处"就是利，"损害实际的利益"就是害。

　　然而，人作为拥有主观意志的动物，许多行为首先是对价值观、思维习惯、心理舒适度等内在因素进行利弊权衡之后再去考虑外在的现实因素。我们所做的一切选择，对当下的我们而言都是最好的选择。

　　小张和小刘是大学室友。小张选择每天认真学习，作息规律，十分自律；小刘选择每天打游戏、逃课、晚睡晚起，极度不自律。

　　小张选择自律，是因为他能意识到自己的做法会在将来带给他回报，他相信现在的付出是值得的，因此他能够自律和努力，这对他而言就是最好的选择。

　　小刘没有选择自律，是因为他不认为这能在将来带给他足够的回报，与其选择痛苦地自律，不如选择能带给他舒适感的放纵与安逸。所以对小刘而言，在他的潜意识里，一时的放纵和安逸就是最好的选择。

　　落实到具体个人身上，无论是自律还是不自律，都可能是一种自然状态。

　　你给自己定了每天坚持跑步的计划，可你坚持不了几天，就找借口放弃了；你在上班时，强制自己不看手机，可你坚持了没多久，又忍不住打开了手机；你想改掉晚睡的习惯，可是上床打开手机一看，已经过了十二点……

　　原因在于，你没有真正地认清利害关系，你不知道自己自律的动力何在，你不知道你是想通过自律得到什么回报。

03 尝试的动力

不仅仅是自律，一个人的所有改变与提升都是建立在对利害关系做了权衡之后，才能真正地意识到自己该做什么并付出行动去改变。

首先你要建立对自身、对现实清醒的认知。

对自身：你得明确自己的价值观，了解自己的真实想法。哪些想法是你在自欺欺人？你想要的是什么？哪些事情能够给予你动力？什么是你真正想追求的？

你要明白自身的自由意志是决定你做还是不做一件事的重要因素，你很难强迫自己做你不喜欢的事。你讨厌数学，那在数学课上自然昏昏欲睡；你喜欢语文，那么到了语文课自然生龙活虎。

但这并非说你完全无法让你做自己不想做的事，人生苦难重重，总有许多你不想做的事是必须要面对的。那么真正支撑你，能够令你心甘情愿去面对自己不喜欢做的事的，便是更深层次上的更大的动机。

如果你不知道自己想要的是什么，你不了解自己的动力何在，且不说你根本就不可能做到真正的自律，即便你能够养成看起来很自律的习惯，那对你而言也是毫无意义的。一旦你能够找到自己的目标，你知道了自己想要什么，那么你根本不需要任何外界的激励，你会自然而然变得很努力、很自律。

人的一切行为，在其潜意识里都有一个真正的动机，你拥有了动机，自然就会努力去行动。

但是如果你没有这个动机，不管别人怎样告诉你要努力，不管那些心灵鸡汤怎样激励你，你都很难付出行动。

其实我们所看到的世界并非真正的世界，而是我们的大脑加工和处理后的世界。同样，我们对现实的认知也是经过我们个人价值观、思维模式筛选后的结果。

所以，这造成了一个问题——我们大部分人对现实有着错误的认知和不切实际的幻想。

为了让自己好受点，我们会安慰自己，不小心一句话伤到的那个人，应该不会恨自己；为了不用面对问题，我们会欺骗自己说没事，反正过阵子问题迟早会被解决的；为了不用付出努力和行动，我们会天真地幻想幸运和好事自动降临到自己身上……

我们任何主观意识都会将现实扭曲，无论是积极的还是消极的，从长期来看，都在损害自己解决问题的行动力。

如果你敢于面对现实中真正的利害关系，那么你就不会再心安理得地玩游戏，就不会对自己的问题视而不见，就不会再用虚假的、无用的、被动的努力来欺骗自己。当你选择接受现实之后，你才能发自内心地付出真正的行动，你才能尊重现实。

自律是建立在现实的利害关系之上的，这样的自律才是有效的、自然而然的，不会被你轻易放弃的。如果你对现实没有清醒的认知，你会更容易自欺欺人、得过且过，你会目光短浅，沉溺于一时的欢娱和放纵，而忽视真正的问题。

你不可能单纯通过"想让自己变得自律"而主动去做一些事情，或者按照别人教的一些方法就能变得自律了，自律本身是不能通过刻意追求而达成的。

自律，是你在有了自己的目标，找到属于自己的动力之后的一种自然表现。

但有些人会说，他们的确通过一些方法改变了糟糕的作息习惯，也的确变得自律了。但是这种自律，在本质上只不过是你养成的另一种习惯而已，它并不是你主动的、清醒的选择，也不是你真正有意识选择的结果，因为你并没有找到真正的动力和目标。

那么，如何找到自己的动力？怎样找到自己的目标？怎样知道自己喜欢做的是什么？

三个字：多尝试。

走出自己的心理舒适区，接触更多的新鲜事物，扩大你对现实的认识层面。世界这么大，有那么多的职业，有那么多的景色，你真正了解接触过的有多少？

很多人口口声声说"我很迷茫"，没有理想，没有目标，但却从不做出改变。如果你一直保持现状不变的话，你将永远不可能找到答案。也许你的使命是做一位画家，但你却在做销售；你适合当程序员，却在发廊里剪发；你喜欢写小说，却在事业单位里写着宣讲稿……

你从不去尝试，你从来没有迈出那一步，那怎么可能知道前方是不是有着更适合的工作在等着你呢？你不改变自己，你凭什么幻想着会有好运降临到你的头上？

你说生活艰难，去尝试要付出的成本太大了，你怕。

你不敢尝试，你害怕，没有迈出第一步是很正常的。

这可不是为了给你一个安慰自己的借口，也不是让你心安理得地不去追求梦想，而是要你意识到，不管怎样，你永远拥有属于自己的主观意志，你敢或不敢，除了现实因素，更多的是取决于你自己怎样看、怎样想。你要明白，你自己完全有能力迈出第一步，未来之所以可怕，主要是因为你的想象。

我并不是在鼓励你，不是要给你"打鸡血"。我一直相信，那些因为心灵鸡汤和别人的鼓励变得更积极的人，同样也会很轻易地因负能量和别人的否定而变得消极。

我只是在向你阐述一个事实，而且你必须认清这个事实。你要看到事物的两面性，你得自己去衡量。

不要依靠别人，不要再欺骗自己，你要静下心来认清现实，权衡利害。

Part 6

颠覆以往的认知

唯一能真正克服自卑的方法：完全地接纳自我。无论自身的正面部分还是负面部分，你都必须完全接纳，不再抗拒和否定真实的自己。完全接纳自我是一种整体的成长，可以顺带着解决自卑这个问题。

01 追求一种整体的成长

　　一个人是否自卑，在很大程度上取决于他对自身的主观认知，即他如何看待自己。

　　许多人觉得自己社会地位提升了，或者变美、变帅了之后，自信有了一定的提升。这是因为外在条件的提升改变了自我评价和自我认知，从而带来了自信的提升。外在的变化只是自信提升的诱因，最根本的还在于主观上自我认知的变化。

　　如果你能够理解到这一点，你就会明白一个人如果通过他拥有多少钱、有怎样的社会地位等外在的表现来衡量自己的自信的话，那么他将很难真正地走出自卑。

　　外界的一切都在你的"心理边界"之外，你对此没有任何的控制权，如果你试图通过提升外界评判标准之下的外在表现来建立自我认知，你就将自己置于了巨大的风险之中，你无法保证生活的方方面面都能成功，你不可能令所有人都认可你，一旦你失败了，没有达到预期的目标，那么你还是会感到自卑、羞愧和失落。

唯一能真正克服自卑的方法：完全地接纳自我。无论自身的正面部分还是负面部分，你都必须完全接纳，不再抗拒和否定真实的自己。完全接纳自我是一种整体的成长，可以顺带着解决自卑这个问题。

我们之所以想改变自卑的状态，因自卑而痛苦，是因为我们无法接受自己自卑这个事实，我们很在乎自己的自尊。我们越关注自己是否自卑，我们头脑中自卑就会越来越清晰，我们的潜意识还会在现实中寻找各种证据来印证"我是自卑的"。

你有没有思考过为什么要在意自己是不是自卑的呢？为什么要抗拒自卑呢？

怎样才能不在意自己的自卑呢？

你之所以会自卑，就是因为你一直在想着自卑，如果你不去想自卑，自卑就根本不会存在！如果你不再抗拒自己的自卑，那自卑自然就会消失了。

你越是试图忽略什么，反而会越注意它。你可以通过接纳负面自我的方式来达到"不在意自己是否自卑"这一目的。

接纳负面自我，是完全接纳自我的一部分。当你完全接纳了自我之后，就无所谓自卑或者自信了，因为完全坦然与真实。你只是你自己，不需要给自己贴上任何标签，你只是全然地存在着。

你可能会对"完全接纳自我"的结果产生一种美好的幻想，你可能会认为，一旦到达了那种状态，你就完全不会有任何负面的情绪或感受了。实际上，你的理解又发生了偏差，你只不过是学会了用一种更加成熟的方式去看待生活，你不再为事物都贴上好或坏的标签，你不再总是想着为事物定性，你只是学会了接受全部。

现在，你不妨抽出时间，找出一张纸，写下你认为的令你自卑的原因。

然后思考一下，这些真的是令你自卑的原因吗？你真的有必要因为这些原因而自卑吗？为什么有那么多和你一样甚至还不如你的人却不会因此感到自卑呢？如果没有这些原因，你还会自卑吗？你真的需要靠外在的标准来衡量和评价自己吗？

最后你会发现，这些原因其实都是站不住脚的，没有任何外在的事物会和你的自卑有着必然的因果关系。

你之所以会自卑，是因为你自己想着自己是自卑的。而自卑对你而言，没有任何正面价值。

那么，我们如何完全接纳自我呢？

通常来讲，人在意识层面的转变很难给出具体的方法和步骤。每个人的意识和思维都不一样，并且人的思想看不见摸不着，它不像画画、跑步、读书等可以在现实中量化和操控。

你理解了，你就能做到接纳自我。

怎样才能够真正理解？

每个人的主观意志都不同，对于同一事物的看法都不一样、做了同样的事情之后的体验也千差万别。我无法把我的理解直接复制到你的头脑中，即便我把我的理解对你讲出来，经过你的大脑重新解读和诠释之后，就会变成完全不同的东西。

你现在已经了解了"完全接纳自我"的概念，只要你在今后的生活里时常有意识地思考这个问题，你总有一天会凭借自己的能力做到。

02 不要幻想未来

很多时候，我们不能完全地接纳自己，原因有两点：一是我们总想逃避痛苦，二是我们总是只想做"对"的事。

我们在潜意识中对"痛苦"和"错误"是完全抗拒的，我们只想要好的部分，我们只想站在对的一面。但不敢直接面对和接受痛苦，会衍生出更多的痛苦。

比如，我们不愿意承受失恋的痛苦，我们会通过马上开始一段新恋情来转移自己的注意力，这样我们就能沉浸在新恋情的甜蜜中，从而不用面对过去失恋的痛苦了。但是如果你不面对失恋的创伤和痛苦，你就永远无法从中获得成长。过去的创伤不解决，你就会一直将其留在内心，将影响着生活的方方面面。

接纳负面的自我，就意味着要面对过去的创伤，承受直面创伤和承认自己缺陷的痛苦。我们不能接纳自卑的自己，是因为我们厌恶和看不起自卑的自己，如果要接纳这样的自己，就意味着我们要承认自己的确如想象中那么差劲。

　　这样的痛苦是我们不愿意去面对的。实际上，这种痛苦在本质上是源于自己的幻想和对未来的恐慌，你只有去面对和承受这种痛苦，才能打破自己的思维局限，只有在这样的痛苦中"死一次"，你才会获得新生，你才会明白完全没有必要抗拒自卑的自己。因为一旦你愿意去面对和承受这种痛苦，自卑也就不复存在了。

　　在人类社会中我们习惯了用对和错来评价一切，在绝大多数人的思维观念中他们都只想做对的事，大家会习惯性地会逃避和否定错误。

　　对和错永远都是相对的，我们每个人都会有错的时候。只不过，当错误发生时，就意味着我们要付出一定的代价去改正错误。我们害怕付出代价，所以才会害怕错误。

　　只有那些心智成熟的人才会很坦然地承认："嗯，我知道我做的这件事是错的，我愿意承担错误的代价。"但大多数人却没有承认错误的勇气，也不愿意承担错误带来的后果。

　　我们每个人的身上都会存在着一定的缺点，无论是怎样的缺点，那都是我们自身的一部分，我们无法改变自身有缺点这个事实。即便我们想改正自己的某些缺点，那也得在接纳并且承认自己缺点的前提下，改变才会成功，否则我们怎么可能改变一个一直被自己抗拒和不承认的东西呢？

但是，你不能因为"大家都觉得这种缺点不好"或"别人都说这样比较好"等这种外在原因而试图去改变。关于你自身的一切改变的动力都得是来自你自己的清醒的觉知，你必须要明确自己想要的是什么之后，才能付出行动。

当我对人生的思考逐渐摆脱了以往的思维和情感的局限性，越来越接近本质之后，我发现一切对事物的分类和贴标签都是没有必要的。

我也逐渐不再想着非要到达一种怎样的层次，过什么样的生活，也不再抗拒生活中的事物，无论那是好的还是不好的，是痛苦的还是快乐的。

我们没有必要去幻想未来，因为未来永远都不会到来，我们唯一拥有的是永恒的当下。

生命的意义不是未来，而是我们存在的每一秒，是我们在当下怎么样去感受眼前的一切。我们只要拥有当下这一刻，就足够了。

Part 7

你不是另外一个人

没有安全感，是人类与生俱来的、本能的恐惧。恐惧激发了我们对于安全的渴望，当这种渴望未被满足，或是在主观层面上扭曲了这种渴望时，我们就能体会到没有安全感带给我们的焦虑、紧张、臆想、痛苦等负面感受。

01 由本能衍生的感受

　　没有安全感，是世上绝大多数人都存在的问题，这个问题在一段亲密关系中会显得尤为明显。

　　许多在平时很有安全感的人，却会在陷入恋情之后变得非常没有安全感，患得患失，甚至越来越焦虑。这个时候他们自己也无法理解，甚至会对自己的想法感到诧异："我什么时候变得这么小心眼了？""他只是消息回得慢了一些儿，我怎么会想这么多？""为什么他只是和普通的异性朋友说了几句话我就会这么不开心？""为什么他不接电话我就会胡思乱想？"

　　没有安全感，是人类与生俱来的、本能的恐惧。恐惧激发了我们对于安全的渴望，当这种渴望未被满足，或是在主观层面上扭曲了这种渴望时，我们就能体会到没有安全感带给我们的焦虑、紧张、臆想、痛苦等负面感受。

没有安全感基本上只会带给人们痛苦，但在原始时期，正是没有安全感导致的对安全的渴望才使我们躲过了猛兽的猎杀，建造了房屋以抵抗野狼的入侵，制造武器猎杀野猪，人类的生命才得以延续。

人类的负面感受与痛苦，似乎是为了保障我们生存的一种必要存在，同时我们也听说过不少人将自卑、压力转换为前进的动力。

当人类的自我意识开始觉醒，当人类拥有了高度智慧时，我们就已经和其他的动物区分开来，我们的进化不再是身体和生理上的，而是集中于思想、精神和智慧上。动物不需要考虑由本能衍生的情绪和感受问题，是因为他们需要依靠本能才能生存。但对于人类而言，一些身体和生理的本能已经成了进化中的累赘和阻碍。

发达的科技与高度的智慧早就令我们不需要再像原始人一样时刻将生存放在第一需求的位置上，我们已经很安全了。但是我们的生理和身体的进化速度却没有跟上人类智慧的进化速度。

所以，像恐惧感、安全感、自卑感等这些由本能衍生的感受，需要通过带给个体以痛苦和负面的感受而提醒个体陷入危险、催其上进。这对现代社会的我们而言，基本上是没有太大必要的。

我们大脑的思考和分析能力，我们的理性，是比本能和基因要优秀和强大的生存保障系统。人类智慧的出现意味着现实世界的运行不再仅仅是依靠着自然界的客观法则，意味着我们能通过重新构建对事物的认知来改变我们的情绪、感受，以及对外界的反应。

以上这些看似不相关的内容其实是要让你明白没有安全感是可以被改变的。

如果你想改变自己身上的某个点，那么最后需要改变的并不仅仅是这一个点，而是这一点的前因、后续和联系，它需要你重新调整个人认知和理解系统。

因为人的思考和认知模式是必须要逻辑自洽的，如果你仅针对某一个点去改变的话，就相当于将一个异类硬送进一个很排外的群体中，其他的认知模块无法和这个新的点对接，所以会导致你无法成功地改变。

没有意识到人的改变是需要保持逻辑自洽的系统的整体改变，这是绝大多数人无法成功改变自己的根本原因。

从另一个角度来说，人就是一个复杂的集合体。人类的任何一种外在的表现、任何一个特性、任何一种情绪或感受都绝对不是由单一的因素导致的，而是由各种错综复杂的因素相互影响所导致的。

这也就是冰山理论："你所看到的这些表象之下都有着百分之八十看不见的因素在做支撑。"所以仅仅想着改变那表面的百分之二十是不可能的，我们真正要改变的是那百分之八十的看不见的因素。

接下来，我们来系统分析没有安全感到底该怎样解决。

02 亲密关系的缺失

没有安全感的表现有很多，下面就开始详细解说。

a.患得患失

你会害怕失去，这不仅表现在亲密关系中，在工作、生活的方方面面基本都会持悲观态度，感觉自己不配拥有太过美好的事物，即便暂时拥有，最终也必定会失去。

在拥有美好的事物时，总是会不停地担心自己会失去，而由于这种担忧对你外在表现的影响，或者是你潜意识里其实是"希望失去"从而证明你对事物的看法与设想是正确的，最终就会导致你真的失去了在乎的事物。于是这又进一步验证了你认为自己不配得到美好事物的想法，这就会令你更加害怕失去。

由于太过害怕失去，你也会开始害怕得到。因为在你的认知里"失去 = 痛苦"，而"得到"对你而言意味着必然会失去，于是在你的逻辑中"得到 = 痛苦"。所以你会抗拒和错过许多新的机会和美好的事物。

还有一种"患得"表现为承受不了别人对你的好，不知如何处理别人的善意和帮助。别人对你表现出的很小的善意都会令你紧张得手足无措。

实际上，患得患失的根源在于你不够自信以及自我评价过低，你潜意识里认为自己既没有拥有美好事物的资格，也没有能力长久守护。

b. 焦虑

在亲密关系中，发生争吵或担心伴侣、朋友离开自己时，工作中犯了错误有被上司批评甚至被辞退的危险时，对未来产生不好的预测时等，这种焦虑会以极端的形式表现出来，甚至影响到正常的生活。

这种焦虑本质上是来自感到危险时的恐惧，没有安全感的人几乎无时无刻都会被来自生活方方面面的"害怕被抛弃"和"害怕面对孤独"的恐惧所困扰，同时没有安全感的人对于危险的承受能力又低，所以没有安全感的人的焦虑水平会比正常人要高上许多。

c.敏感

敏感的人不一定会没有安全感，但没有安全感的人一定会很敏感。他们对事物总是过度担心，对危险反应过度。他们容易将一些小事夸大，并擅长从一些所谓的"细节"中找到别人讨厌他、想抛弃他、不再喜欢他的证据。

在亲密关系中，他们往往需要对方不停地向他们保证不会离开他，需要对方不停地证明对方是在乎他、爱他的。但事实上无论对方做多少保证，都是无法真正让他们感到心安、不再焦虑。他们的恐慌和担忧就像无底洞，永远无法被来自外界的力量填满。

d.缺乏自信，过于在意别人的看法

缺乏自信分为两种：一种是唯唯诺诺、自我否定、在别人面前抬不起头的自卑；另一种则是为了掩饰自己的自卑而拼命去追求名声、金钱、地位等，试图用这些外在的东西来证明自己。

过于在意别人的看法也分为两种：一种是无时无刻都希望别

人关注自己，希望从别人那里得到好的评价，所以刻意去迎合别人的看法，扮演一个会受到欢迎和好评的角色；另一种则是做出完全不在意别人看法的样子，欺骗自己说别人的看法并不重要，别人的意见并不会影响到自己，或者用刻意不迎合的标新立异的方式，隐晦地表达他对得到别人关注的渴望。

e.无法信任他人

没有安全感的人很难相信别人。

就某种角度而言，安全感其实就是对外部环境和他人的信任的一种信念，即相信我是安全的，相信我不会受到伤害。

因为安全感是人类主观感受的一种，所以理论上而言，只要我们拥有对环境和他人的信任这种信念，那么不管环境是否真的安全、不管这个人是否真的值得信任，我们也会拥有安全感。

因为没有安全感的人在潜意识里不信任，所以他们会倾向于和那些不值得信任的人做朋友，即便有的朋友的确是值得信任的，他们也无法和这些朋友深交。没有安全感的人往往会因为童年记忆和过去的经验而认为周围的环境并不安全，身边的人并不值得信任。

f.在亲密关系中过度依赖和过度投入，或是过度疏离和逃避

过度投入和过度疏离，是没有安全感的一体两面。

一般的恋爱步骤是随着双方逐渐了解而逐步增加对对方的投入、信任、付出和依赖。而没有安全感的人往往是在一段感情的开始阶段就立刻全身心投入，他们可以为还并不熟悉的对方做任何事情，他们可以无条件地全然接纳和信任对方。

这种不设限和无理由的投入，归根结底还是源自内心的脆弱和对孤独的恐惧。即便他们看起来朋友很多，但在他们内心深处真正能被认可的好朋友和亲密关系寥寥无几，他们对亲密关系时常处于极度渴望的状态中，所以即便在开始阶段的恋爱，对他们而言也是极度珍贵的。

没有安全感大多是幼年亲密关系的缺失导致的，并且他们匮乏的内心还未找到真正能够给予他们支撑的力量，所以他们对于亲密关系的渴望会导致他们在恋爱中过度地依赖对方。

那种会在亲密关系中过度疏离的人，则是自始至终都很难在亲密关系中和对方产生真正的心理上的联结。虽然他们非常渴望对方会是那个独一无二的能打开自己心扉的人，渴望对方能走进他们心中，但他们潜意识中对亲密关系的畏惧和不信任永远将别人拒之门外。这类人应当意识到，不存在一个独一无二的能帮他打开心结的人，如果你不主动敞开心扉去接纳别人、信任别人，那么你将很可能一生都孤独地居住在你内心的堡垒之中。

03 放下过去的执念

没有安全感的形成原因主要有两个方面：

a.童年时的阴影和创伤

没有安全感的本质就是恐惧。童年时有过被抛弃的经历，不被父母重视，时常被父母否定甚至打骂，或是父母自身就没有安全感，等等，这些都有可能造成阴影和创伤。

b.成长过程中的阴影和创伤，或是对童年阴影的重复和加强

被同伴排挤，遭遇巨大的失败或打击，被信任的人背叛或伤害，等等，这些也有可能对我们造成巨大的创伤。

我知道很多人习惯性地以为这类问题只有找到了出现问题的具体原因，然后针对这个原因才能将问题解决。对于这类心

理问题，所有人都认为需要通过精神分析的方式来找到童年阴影将其消除才能解决。

但实际上，我们几乎不可能找到令我们形成阴影和创伤的原因。现实情况总是无比复杂，充满了变数，而不同因素组合在一起又会变成一个全新的东西。外界环境的变化、父母的一个眼神、同学和你说话时的语气等无数微小的因素糅合在我们过去的每一秒之中，你根本无法分清究竟是哪些因素才令你形成了当时的那种感受。

就我个人而言，因为小时候家中只有我和母亲，母亲每天都要应酬到很晚才回来，我又极度怕黑，每天晚上打开家里所有的灯不留任何阴暗的角落，蜷缩在沙发上又困又怕，只能看无聊的电视节目，怀着对母亲的渴望和担忧却又没有电话联系，我一度以为那三年每晚的煎熬就是让我没有安全感的原因。而且后来有很长一段时间，在我反思自我的时候，无论从哪个角度看、用何种逻辑推导，这个原因似乎都是非常合理的。

直到有一天我才意识到，其实是因为那段时期痛苦的记忆太过漫长，它在我头脑中的印象太过深刻，也许是我对那段时期的经历执念太深，以至于令我完全忽视了其他因素对我的影响。我忽略了我母亲也很没有安全感、我在别人家寄宿、我童年没有朋友等非常多的因素。

我们总是只会相信那些我们愿意相信的事情，我们对事物有怎样的反应和感受最终取决于我们的认知。

你应当承认，通过分析过去的经历试图找出令你痛苦和不幸的阴影和创伤是不可能实现的。无论别人给你的分析看上去多么无懈可击，实际上那都只是一种逆向合理化的解释。

过去的事情已经过去，过去的创伤之所以还会影响着我们就是因为我们对过去的执念。而从过去找原因其实又在潜意识里加深了这种执念。

那些阴影和创伤之所以会令我们痛苦，究其本质而言，是因为它们扰乱和扭曲了我们对正常事物的认知，错误的逻辑和认知一直在我们的头脑中被强迫重复。

比如说，对小刘而言，因为童年时被大狗咬过三四次，他留下了心理阴影，所以他潜意识里就认为狗都是很可怕的动物。而小张则是从小就养可爱的小狗，小张有许多关于狗的美好的回忆，所以他会认为狗都是友善可爱的。实际上狗既有可怕的也有可爱的，我们依照自己的经验将其一概而论，这显然是狭隘的。

你要意识到，就客观现实来看，你受过的创伤和阴影都已

经是过去，我们没有办法探寻，也没有探寻的必要。但这绝对
不意味着对你个人的否定。

　　只要我们能够学会保持清醒、拥有理性，不再囿于自己的
执念和经验，而是具体情况具体对待，那么我们自己就完全有
能力矫正我们对事物的认知和理解。我们不仅可以摆脱阴影的
束缚，还能成长为一个更加成熟的人。

04　安全感来源于自身

　　首先，我们必须要接受一个前提：安全感来源于我们自身，我们永远都不可能从外界和他人身上获得安全感。

　　而自身的安全感只取决于两个因素，一是我们对自我、他人、环境、世界等完整的成熟认知，二是来自内心深处的自我认同的力量。

　　安全感说到底是属于个体的一种主观的感受，同样是面对"没有接电话"这样一件小事，有安全感的人就会是觉得可能只是在忙，而没有安全感的人则会变得很恐慌："怎么了？是不是他出了什么事情？是不是我又做错了什么？"

　　所以，没有安全感就在于个体对他人的不信任和对危险过度恐惧，寄希望于找一个更体贴或是更需要你的伴侣、赚很多的钱获得社会认同、用游戏来填补空虚等方式，而这些都只能给予你零星安全感，只是暂时性转移注意力而已。

由安全感的缺乏所带给你的焦虑和痛苦是无法通过转移或填补的方式来解决的，你必须正视和接纳你自身缺乏安全感时的焦虑状态，不要再下意识地想"解决"你的焦虑和痛苦的状态，不要再希望马上找到什么方法来从痛苦中走出来。

对于一个没有安全感的人而言，能从根本上解决问题的方法是让他意识到："**我们无法得到安全感，也不能通过做些什么来获得安全感。没有安全感之所以会令我们痛苦，只是因为我们错误或扭曲地认知和理解事物。**"

所以，我们不需要安全感。

我想传达的逻辑已经很清楚了，如果你真的理解并接受这个逻辑，如果你真的意识到我们并不需要安全感，那么你从现在这一刻起就能够体会到强大的安全感。这种安全感是来自对事物本质清醒的认知，你看透了事物之间的逻辑，你很清楚游戏的规则，所以你能够游刃有余地意识到没有什么可以伤害你，所以你才不需要像那些愚蠢的浑浑噩噩的人一样试图从金钱、社会认同等中获取安全感。

当我说不可能从金钱、权力、成就等外物中获得安全感时，你习惯性地会认为试图通过追求物质来获得安全感就是错的。

并非如此，我只是让你认识到安全感的本质，让你认识到追求物质不等同于获得安全感。

我们认知层面上的转变，绝对不是仅凭我告诉了你什么是真正的安全感就可以了的，问题在于我们的理性和我们身体甚至是思维的自发式系统是分离的，就像你现在已经意识到了在你的恋人和其他异性聊天时你的焦虑是毫无必要的，但是还是控制不了自己的心慌和焦躁。

所以，我想告诉你：你可以通过追求职位、金钱、权力、名声等来获得安全感。

很明显上面这句话和我前面所阐述的内容产生了矛盾。

我为什么会有两种完全矛盾的观点呢?

05 打破自己的局限

在解释这个矛盾之前，有两件事需要你在接下来一段时间内持续思索并练习。

a.认识到自己直接可控与不可控的范围

直接可控的是指你能够直接影响、操作的事物。如：你能把床单洗了，你能向你的伴侣诉说你的感受。

间接可控是指，你并不能确保一定可以达到你的目的，但是你只要有所行动就能够对事物产生影响。如：你努力学习就有可能通过考试，你去买彩票就有可能中奖。

不可控的是指，不受你的行为或意志操控的事物，如：老王家的小狗会不会学跳舞，行星会不会撞地球。

从现在起，你要做的练习就是，开始明确你生活中的一切有哪些在你的直接可控范围内，哪些是你不可掌控的。

乍看之下，这个练习愚蠢得有些无厘头，但实际上这个练习是最简单粗暴的、能直接见效的令你获得安全感的方法。

这个看似简单的练习背后有着逻辑：明确你直接可控的事物，你就没法再逃避你的责任，你就没法再用各种理由来欺骗自己；明确你间接可控的事物，你就能正确看待你的努力，你不会再渴望着天上掉馅饼，你也不必在失败后过度悔恨；明确不受你控制的事物，你就不会再过度担心，你就能真正理解到你的许多焦虑和担忧是毫无必要的。

在我们的生活中，其实有许多问题的产生就是因为我们的心理边界不清晰，对事物的认知模糊混乱。

我们总是会试图去控制那些我们根本无法直接掌控的事情。你担心自己的恋人会不会爱上别人，三年后你会和谁结婚，等等。对于这些我们无法掌控的事物的担忧和焦虑，都是毫无必要且毫无意义的。

我们只需要以客观的角度来看待事物与我们自身，就很容易能够意识到我们是如何被自己愚蠢的习惯和头脑糊弄的。我相信看到这里的你，已经知道该如何审视自我了。

对于我们只能间接掌控的事物，我们却将我们的掌控力夸大到百分之百。比如：努力就能成功，坚持跑步就能令你变优秀，成大事者必然都立下远大志向，等等。

我们总是相信所谓的美好与励志，忽略客观因素和个体之间的差异性，忽略事物背后诸多因素的交叉性影响，而将因果关系过分单一化，比如马云成功是因为他很执着，刘翔成为世界冠军是因为他拥有一个乐观的心态，父母都是为你好，等等。

但凡一个智力正常的人，但凡稍微有一点生活经验的人，只需要简单地思考一下现实的情况就能够明白，努力了并不一定能成功，坚持了也并不一定优秀，父母也并不都是为了你好。

所以尽你所能地去追求，但要知道对方会不会做你的女朋友是并不确定的；所以尽你所能地去创业，产品能不能成功也是无法确定的。

你能做的仅仅是在你能控制的范围内做到最好，尽可能地去影响那些你能够影响到的部分，至于结果究竟会如何，那并不在你的掌控范围内，所以对结果的担忧和焦虑的确是多余的。

在这个过程中，你会不断地意识到自己以往的没有安全感其实在很大程度上是一件很可笑的事情。

b.开始发掘并表达自己的真实需求

一个人内心强大的主要因素之一，是对自我的高度接纳；一个人对自我的高度接纳的表现之一，是能坦然地表达自己的真实需求。

就我个人的经验而言，人对自我的认知会受到自我的心理角色和环境的反馈的影响。一个清楚地知道自己真正需求是什么的人，一个敢于表达自己真实需求的人，毫无疑问是一个内心强大的人。

倘若一个人在吃牛排和意大利面时，坦然地说"我用不惯刀叉，请给我筷子"；倘若一个人能放弃在别人看来高薪而又有前景的职业，而去做他自己认为有意义的事；倘若一个人在他想做的时候就能能淡定地做一些在别人看来很不上进的事情，像是在家里宅上半年、去偏僻的小城市写小说、辞职去旅行，等等，这样的人无疑才是活出了真我。

对于个体而言，当我们开始学着发现自己、表达自己的时候，我们的内在也会不断地调整我们对自己的认知。我们越是了解自己，越是敢于表达真实的自己，就越能发掘出自己原本就有的强大的内在力量。

你会真正意识到我们不需要任何的依仗，我们不需要任何金钱地位的支撑，我们不需要别人的认可和赞美，没有外物能够给予我们安全感，因为我们根本就不需要安全感。

最后，我们来谈谈那个矛盾——我们根本不需要外界的依仗来获得安全感，却又可以通过追求金钱、权势、地位等来获得安全感。

无论我们是口头交流还是阅读，总会无法避免地受到语言和文字的局限性的影响。就文字的层面来看"不需要也不能从外界获得安全感"和"可以通过追求金钱、权势、地位来获得安全感"的确是矛盾的。但实际上我所说的这两点是两个不同维度、不同层次的问题，这两点并不相对。

当我们在谈论一个问题时，很容易会走进误区。就像这篇文章可能会使你从潜意识里确信我所阐述的内容，但是你必须要跳出这种思维上的束缚，你要意识到你的这种确信很可能会让你看不到其他的因素，所以要时刻提醒自己保持清醒。

我前文中没有提到的问题：就现实情况而言，你根本不可能在看完这篇文章后就马上不再受到外界和他人的影响。虽然你已经意识到了我们不需要安全感，但在你喜欢的人不回你消息时，你还是会感到焦虑。一个不可否认的事实是，当你拥有了更多的金钱、获得了更高的地位时，会在某种程度上给予你一定的安全感。

理想情况和我们所理解的是一回事，而现实情况又是另外一回事。

看到这里的你，接下来该做什么呢？

从头再看一遍这一章。因为当你理解了这个"矛盾"之后，再重读此文时你已经处在一个截然不同的视角了。

对每个人而言，改变都意味着要忍受一番巨大的痛苦。但是我们必须意识到，只要我们去面对，只要我们试着放开，我们就有可能获得改变，我们所经受的这些暂时的痛苦会使我们得到成长。

不要再限制自己，不要再将自己局限在渺小的世界中，不要再继续带着负面情绪去生活，每个人都可以走向通往内心的充实、强大与富足的道路。

我相信有耐心将这本书看到最后的你，绝对会选择踏上主动进步的旅程，因为这途中的风景美丽绝伦。

06 外在是无足轻重的附庸

在很多年以前，我就逐渐意识到，我是个傀儡，我是个工具，我是个机器人。

囿于现实的各种因素，我必须要考虑如何赚钱、如何在这个社会生存、如何找到好工作、如何不令我的父母伤心等问题，本能驱使着我首先要去满足自己的生理需求：生存、繁衍后代、进食、有个安稳的居所……

社会规则限制着我做一个"正常"的社会人，我要有公德心、要善良、要保持风度，我要像其他人一样上学、谈恋爱、买房、结婚生子、工作、教育子女、退休……

随着我内心逐渐觉醒，我越来越深刻地意识到，我没有必要得像其他人一样活着，我不需要在意别人的看法。我不想结婚生子，我不打算找份稳定的工作，我也不想只拼命地赚钱，我更不需要在别人面前只表现出善良、没有攻击性的一面。我只需要在意我自己内心深处的真实想法就好了，我只需要做我自己想做的事便够了。我没必要去迎合别人，我也不需要为了凸显自己的独立性而刻意地去做些与别人相反的事情。我所要做的只是随心，除此以外的，我都没有必要去在意。

但是，我一直有一个不愿意面对的尴尬："我其实并不确定自己真正要的是什么。"我不知道什么才是自己真正想做的。

事实上，关于"什么是自己真正想做的事"这个问题，大部分人都是没有答案的，大多数人都并不知道自己想要什么。这很正常，因为这世上绝大部分人都是浑浑噩噩、随波逐流地生活着。只有在极少数时候我们能够意识到自身的局限性。

另外，现代生活的节奏如此之快，微信、微博、游戏等无时无刻不在吸引我们的眼球、消耗我们的精力，我们很难有时间去自醒，也很难有机会从快节奏的生活中跳脱出来。

在一段躺在病床上的时间里，我思考着，我逐渐意识到了该如何摆脱束缚，该如何认清自身，而且找到了一个具体可操作的方法——静心。

当我们谈论静心的时候，很多人往往会因为过去的认知习惯而将静心理解为一种外在的技巧，通过听息、冥想等手段给自己增加一种叫作"静心"的品质，让原本浮躁的自己变得平静。

事实上并非如此，静心不是由外界强加给你的，不是你原本没有需要通过后天学习才能得来的东西。静心本来就属于你，静心是你与生俱来的自我的一部分，静心一直都在，只不过是你一直沉迷于外界的喧嚣而没有意识到它的存在。

你不需要通过手段来"获得"它，你只需要剥开自己一层层浮华与矫作的包装，它自然就会显露出来。

静心并不是一种看起来平静、超脱、云淡风轻的姿态。静心是你觉察到了更深层次的自己，理解了本质，理解了什么是存在。你开始接受一切，你才可以表现出在别人看来很平静的样子。

但外在表现是不是平静的根本不重要，淡定优雅的姿态、超然物外的神情等外在表现只是你理解到了静心之后可能会表现出的样子。外在只是无足轻重的附庸，你表现出什么样子都无所谓。

一位高僧总是十分淡定，并不是你也像他一样做出很淡定的样子就代表你和这位高僧的境界就一样高深了。你要去理解他呈现出这样的状态的背后有什么驱动因素，你要学会不在意表象而是直达真相。

　　静心不会令你变得更好或更坏，你不能只用外界的利弊得失来衡量自己。静心是"做减法"，你开始不断地舍弃掉你身上的多余的浮华，虚假的你会逐渐枯萎，真正的你才会焕发新生。

07 观照你的情绪

　　我曾做过多次尝试，我认为真正能够做到静心的方法有且只有一个，而且这个方法非常简单纯粹，你随时随地都可以修炼。

　　冥想、诵经、听息、守一、自省等方法只不过是暂时将你纷杂的想法压制下去，或者是让你只做诵经、听息一件事从而暂时没有办法想到杂念，但在你做完这些修炼之后又会很容易再次被外界捆绑，那些被你压抑的欲望与情绪会更加猛烈地反弹，你又会陷入喜悦、悲伤等情绪之中。

　　这种方法都是暂时性的，治标不治本。只有当你不再依附于你的经验，只有你完全从旧我的模式中跳脱出来，只有当你知道了自己是谁的时候，你才能真正静心。

　　这个能令你达到静心的方法就是，观照。

观照意味着你成了一个旁观者，意味着你以旁观者的眼光看待自己，如同局外人审视自己。

你看着自己的手，手抬起又落下，感受这个过程，看着这只抬起又落下的手，你问问自己："这真的是我的手吗？我是否从未仔细欣赏和观察过自己的肉体？我可曾意识到能控制自己的身体是一件美妙的事情？"

觉察你的呼吸，感受氧气涌入你的大脑，感受肺部的起伏，感受血液的流动，感受绷紧又放松的肌肉，感受身体内自发的律动。你活在这世上这么多年，却从未主动地认识自己的肉体，现在请好好地感受一下，感受你和你的肉体"融为一体"，你能随心所欲地"控制"自己的肉体的感觉。

你观照着你的大脑，你会发现一件很不可思议的事情：自己竟然无法停下思考！大脑里充满了混乱庞杂的思绪，无时无刻不在思考。

你很难静下心来体会当下，你无法从原有模式中跳脱出来的第一个障碍就是你无法停止思考，你的大脑不停冒出一个又一个的念头，而你总是习惯性地跟随着这些念头，你只会被自己的思绪牵着走。

思考原本只是人用来处理和分析问题的一个手段，而大多数人却沦为了思考的奴隶，他们需要从思考中获得自我存在感，必须"想点什么"才能克服虚无和无意义的恐慌。如果你不能停止思考，就意味着你将永远都无法理解什么是真正的静心。

你观照着你的痛苦、沮丧、愤怒、虚荣、羞愧、怯懦、自卑等负面部分，你会发现它们其实都非常可笑，你会发现自己没有任何必要去愤怒、去沮丧、去痛苦，人的很多情绪和感受都是多余的，因为那些并不会对现实造成好的影响。

比如你分手了，一时的边界崩溃会让你不可避免地痛苦一阵子，但你很快就会因观照而清醒地认识到你们之间已经结束了，分手的结果已经形成，过去是无法改变的，你的痛苦、思念和消沉只是在浪费时间。

当你开始正视并接纳所有的现实，你不再被自己狭隘的、渺小的、自私的头脑所操控，你不再一叶障目，不再局限于个体的偏执，而是和整体存在融为一体，你将会很少愤怒、很少痛苦。你会更加快乐，你不会再像以前那样急匆匆地行走。

现在你慢了下来，你会观察生活中的所有细节，你能发现任何事物独一无二的美，你会突然意识到以前的你几乎像个瞎子一样，这个世界如此美妙，而过去的你却从来没有觉察到。

一旦你走到这一步，你就会发现你越来越坦诚，你不会再在别人面前伪装，不再吹牛，不再附和别人毫无意义的话，不再担心失去一些无足轻重的朋友，不再为了面子或虚荣去做一些很愚蠢的事。你也不会再欺骗自己，大脑自欺欺人的把戏，你都已看透了，你能认清现实，你能付出切实有效的行动，你能笃定地面对不确定和未知。你不会再勉强和凑合，你会越来越安定，越来越强大，这种强大是没有界限也是无法被摧毁的。

08 开启全新的进化

看到这里，我相信你已经体察到了观照是一种怎样的状态。

虽然我将从入门到高阶的整个过程的感受全都描绘了出来，但可能会给你造成一种你已经完全理解了观照本质的错觉，这与你将静心理解为一种外在的平静的状态是一样的，你只感受到了表象的所在。

如果你想达到观照的状态，就需要完成一个整体的蜕变，你必须经过一段时间的修炼，你必须付出切实有效的努力，而且这种修炼也需要按方法和步骤来进行。

观照的阶段：

a.观照你的身体

首先是静态的、由点到面的观照。如从头到脚，或是从脚到头，抑或是从丹田到头，再从丹田到脚。

　　然后是动态的、部分肢体的观照。如：转头、仰头，双手握拳再松开，推出双手再收回，扭腰、走路、抬腿、踮脚、跳跃。

　　最后是动态的、整体的关照。无论何时何地何种情境下皆完整地感受与观照自己肉体的全部。

b.观照你的思考

　　作为一个旁观者去观照你的思考，不要刻意地引导，也不要为自己又陷入无意识的思考而焦虑，好的、坏的、短暂的、持续的、混乱的、有序的等所有的想法与念头你都要接纳，你要做的只是保持自己的独立性，不再沦为思考的奴隶，不再被思考吸引，在你和你的思考之间逐渐生成一道缝隙，然后你们之间的距离越来越远。

　　在这个过程中，你会产生一种恐慌，尤其当你的思考忽然停止之后，你会丧失"自我感"，你会觉得仿佛到了世界末日一般。这种恐慌感是很正常的，反而是一件好事，这预示着你开始摆脱思考的束缚了。

　　当你和思考之间的距离逐渐扩大，思考就会逐渐枯萎，"你"本身才会开始占主导权，你才能平静下来真正去体会和感受生活，而不是被满脑子漫无目的的想法和念头带着跑。

c.观照你的情绪、欲望和感受

当你痛苦、悲伤、迷惘、焦虑、虚荣等时候，保持抽离，不要陷入其中，你会逐渐发现，这些东西再也控制不了你了，你不再是机械式反应和生理欲望的奴隶。

d.观照你的生活，观照你的全部，观照你的整体

走到这个阶段代表你已经完全觉醒了自我，你剥离了外在的限制因素，你无时无刻不是在静心，你无时无刻不是在让"真正的自己"做主导。当外界的一切都无法再影响你的意志，你就能纯粹地活着。

你必须按照这四个阶段一步步执行。虽然这四个阶段的修炼做起来都不难，但你绝对不要越阶修炼，必须脚踏实地地一个阶段一个阶段慢慢来。当你在每一个阶段到达一定的程度时，会有一个启示性的时刻到来，这时内心深处会有一个声音提醒你："可以开始下一阶段了。"然后你才能继续下一个阶段。

希望你不要仅仅被我的"文字"所影响和引导，更多的是去感受我所描述的状态。语言和文字很容易固化思维，所以不

要只活在语言和文字当中，不要只用文字思考，不要再用名字去替代事物本身，而是要接受事物的存在，你与所有的现实融为一体。

为什么要静心？

静心能给你带来什么好处？

静心无法给你带来任何物质层面的利益与好处，甚至还有极大的可能会破坏你的"正常"生活。你也许会成为别人眼中的疯子，你可能忽然有一天顿悟了，就辞职了，然后去做一些在别人看来没有意义的事，但你并不在乎别人的看法，原本被父母逼着相亲的你可能会忽然决定保持单身，你能看破所有的浮华与喧嚣，最后可能除了和你一样的"同类"，你基本无法再和普通人成为朋友了。

非要说静心的好处，那它唯一能给你带来的可以被称为"好处"的东西就是使你迈进了追求"智慧"的门槛。

走上这条路，就意味着你必须要完全地为自己负责，没有其他同类可以保护你，你也不能再用人类群体相互欺骗制造出的意义感来麻痹自己，你要孤独地探索一条充满未知的道路，你要孤独地面对生命、宇宙、时间与自我。

Part 8

精神断舍离

就我们的选择能力而言，过多的选择几乎等于没有选择。我们拥有的越多，就越容易造成混乱，越难以下定决心选择，这就会导致时间被浪费，或是因为选择太多而无法确定究竟什么是自己真正想要的，选择了之后又陷入后悔。

01 极简思维

从高中时代起，我就开始有了一种深深的倦怠感。很多年来，这种倦怠感一直潜移默化地影响着我。我的头脑与心智会不由自主地思考着许许多多的问题，让我无法平静下来去真正体会和感受生活。面对选择时，我总会浑浑噩噩地选择许多错误或者并不必要的东西，在事后却又后悔不已。我建立了许多只是浪费时间的人际关系，却一直碍于面子维持着，没有主动结束的勇气。

很多年后我才意识到，这种倦怠感是来自拖延。很多当下的问题和事情没有解决，我都是想着交给明天。然而那些问题就一直摆在那里，我几乎从来没有兑现自己的诺言去解决它们。

于是，问题越积越多，积得越多我就越累，越累就越不愿意去解决，也无力去解决。问题变得更多了，我因此陷入了一个恶性循环之中。

我也曾尝试着去解决这种倦怠感，试着从被束缚、被操控的感觉中跳脱出来，我渴望能够心无挂念地活在当下，能别无他物地专注体会和感受这一刻的生活。

但我却总像个不受自己控制的机器一样，我身体的条件反射、我的思维惯性一刻也不停地在自行运转，或是在外界环境的各种刺激下做出本能反应，有时候我甚至会感觉"自我"是个很荒谬的概念。我真的存在吗？我真的有独立自由的意志吗？为什么我感受到的自己只是各种机械反应的集合呢？

倘若我真的拥有自由思考的能力，为什么我总是无法控制自己，会去做许多明明自己不想做的事呢？

一直以来我都没有找到能令我摆脱这种恶性循环的方法。

我的内心深处是能够意识到这个恶性循环的，我需要做的其实是停下来，停下眼前充斥着混乱、捆绑、压力和疲倦的生活，转过身来，静下心去彻底将我过去的遗留的问题解决或者抛弃，回归到自我的中心来，不要再做只会追逐外物的奴隶。

以往囿于生活和工作的压力，我从未有机会静下心来内省与反思过去。最近这次患病，于我是一次契机。一天下午，在家里躺在床上无所事事的我，起来坐到了沙发上晒着太阳，忽然理解了"为学日益，为道日损。损之又损，以至于无为"这句话的含义。

此后，我机缘巧合读到了《断舍离》一书。此书中所介绍的通过收拾房间达到修炼心灵的方法让我获得不少启发。

那什么是精神断舍离呢？

依照《断舍离》书中收拾房间的一些原理来修炼自身，清减与舍弃自身冗杂混乱的欲望、思想、人际关系等，从而清醒地发现和了解真正的自己。

不再像以前一样浑浑噩噩地糊弄自己的生活，而保持高标准与精致，从而得到心理高度自我认同的正向反馈；学会有意识地拒绝与筛选，为自己的生活负责，不再来者不拒；保持高度的自我觉知，以达到"离"的清醒状态。

就我们的选择能力而言，过多的选择几乎等于没有选择。我们拥有的越多，就越容易造成混乱，越难以下定决心选择，这就会导致时间被浪费，或是因为选择太多而无法确定究竟什么是自己真正想要的，选择了之后又陷入后悔。

我们本性的贪婪与对"物资匮乏会造成死亡"的本能恐惧导致我们会下意识地想要拥有的更多。拥有得越多，就代表在面对生存的挑战时有了更多的应对手段和保护屏障，就能够给予我们安全感。但在我们的基本生存有了保障之后，任何由物质带来的安全感都只是一种虚假的幻象，我们的安全感是永远无法由外界的物质来填补的，这是我们的欲望永远无法被填补的根本原因。

所以我们有必要意识到，我们潜意识里希望拥有得越多并不一定是好的，过多的选择反而会迷惑我们，令我们无法意识到自己真正想要的是什么。

比如我今晚可以约出来喝茶的人有小刘、小张、老王。我真正想约的人是老王，但我却因为别人都喜欢小刘的貌美肤白、小张的英俊潇洒而选择约小刘或小张，那么在做出这个选择后我就可能会后悔，因为我会发现小刘和小张并不是我真心想约的。

由此便引出第一个矛盾："个人喜恶标准"与"大众评判标准"之间的矛盾。

我们个人的喜恶标准并不总是与大众评判标准相一致，甚至会发生冲突。但是由于教育、心理、集体无意识等许多因素的影响，大部分人会在内心深处保持着自己独特的对外物的衡量与评判标准的同时表现出迎合群体的大众评判标，这两种取舍与衡量往往会杂糅在一起，久而久之，我们就很难再分清哪些是我们真正想要的了。

第二个矛盾点在于我们的"自发式系统"与"分析式系统"之间的分歧。

"自发式系统"是指我们在进化的过程中形成的本能的、可以不经思考的、机械式的反应系统。比如膝盖被敲了腿就会弹起来，被猫咬疼了会大叫，等等。

"分析式系统"是指我们后天形成的大脑的分析、衡量、决策的反应系统。膝跳反应后，你选择转身就跑，是因为你发现自己狠狠地把医生给踢倒了；被猫咬了之后，你叫得特别夸张，是因为你希望得到女朋友关心，等等。

由于"自发式系统"与"分析式系统"各自遵循着两套不同但在某些地方会有重合的反应逻辑，而且"分析式系统"十分复杂，会随着个体的认知水平的变化而不断变化，故而这两者之间的矛盾也很难被觉察。

人类心智上的痛苦大多是来自做选择时的矛盾与冲突。对于如何解决这种痛苦，精神断舍离所采取的方法是，矛盾的产生是来源于有冲突的双方，如果我们完全舍弃掉其中的某一方，那么问题就不复存在了。

所以依照这个原则，精神断舍离的第一步要做的就是舍。

"舍"什么？

舍弃你不在意的评判标准，舍弃你繁杂的、毫无意义的念头与想法，舍弃你不喜欢也用不到的物品，舍弃对你而言毫无意义的人际关系，舍弃浪费时间的网络社区与游戏。

总而言之，舍弃你生活中方方面面你不喜欢或对你而言毫无意义的东西。

从现在开始，你好好想一想你的生活中有哪些你并不需要但一直在虚耗你的时间的东西呢？

买了以后从没用过的健身器材？仅止于过年时见面寒暄的老同学？为了面子或吹嘘自己而撒的谎？

其实你自己很清楚，在你的生活中有哪些是你早就想丢弃并且也应该丢弃的。

当你听一个不算熟悉的朋友诉说着你根本不感兴趣的遭遇时，当你购买了许多可能会用得到的东西时，当你为了遥远的甚至根本不会存在的问题而担忧时，你都能够感受到自己内心深处隐隐约约的一种渴望——回归到自己内心的中心的渴望，脱离充满自欺与欺人的环境的渴望，心无挂念地做自己的渴望。

每当你强迫自己做不喜欢做的事、说违心的话、对并不欣赏的人露出微笑时，你就是在给自己增加无形的压力。你的思维、你的内心、你的自我认知都已经被这些压力、冲突与矛盾给堵塞了。

　　也许是因为过去你从未意识到这些令你疲乏的东西其实是可以被清理的，或者因为温水煮青蛙般逐渐地适应令你觉得自己每天装满心事与烦忧的状态是正常的。但现在请你务必意识到这一点：你的生活和思维中有许多无意义、无必要的东西，这些东西将你的思维堵塞，让你的生活变得疲乏无比，使你做了许多无意义的事，思考了许多无意义的问题。

　　将这些无意义、无必要的东西舍弃，会令你整个人都轻松起来，而且你还能够将精力放在更有意义的事情上面，这对你整个人生的改观都大有裨益。

02 不要轻易对事物进行定性

如何舍？

一个原则，两个方面，三个层次。

原则：以自我为中心。

当我们在考虑哪些要舍哪些要留时，唯一的评判标准是，我是否喜欢，我是否需要。

我们不用靠社会评判标准来对事物进行定性，也不要受自发式系统中一些本能性冲动的迷惑，我们只需要关心自己。

别人都喜欢玫瑰又怎样，我就是要种仙人掌；花大价钱买了一架跑步机却从没用过，那就把它扔了。你不喜欢的东西，对你而言就等同于不存在，不管这个东西多么贵、多么好，只要是对你而言没有用的，都是无意义的。

有人会说："我好像不知道自己究竟喜欢什么，在决定要舍弃什么的时候，我很难做出决定。"

"不知道自己喜欢什么，难以取舍"，不用担心，这是你可以解决的问题。如果你真的能很清楚地知道自己喜欢什么、不喜欢什么，那你早就将你讨厌的一切都拒之门外，而不会像现在这样浑浑噩噩地全盘接受。

解决这个问题的方法很简单，就是把你生活中的一切都拿出来，你去面对它，问自己是否喜欢这个东西，喜欢的就保留下来，不喜欢的就丢掉。

没错，就是这么简单粗暴的方法。当你这样去做了，你就已经向着了解自己、发现自己的方向前进了。

两个方面：行动和意识。

行动上，你需要做一些切实的改变。

我的意思是，你真的会丢弃不需要的物品，终结毫无意义的友情。你会把你的房间收拾一遍，把旧书、破杯子、不穿的衣服丢进垃圾桶，清理你的微信、QQ等社交软件，删除不必要的联系人。

放下手机，看看你房间里有什么早就不需要的东西，把它丢进垃圾桶里。看完这篇文章后，删除几个毫无意义的联系人。从现在起，你就开始清减你的生活。

意识上，你需要把"断舍离"这三个字深深地记在脑海中。

现在你应该已经理解了精神断舍离的含义，接下来要做的就是将断舍离的思维方式与逻辑内化，你要主动开始按照断舍离的方式去生活。

三个层次：物、人、我。

物：即你的一切物质生活，譬如你的衣服、厨房、食物、电脑、水杯等。将你生活中你不需要、不满意的东西，全部扔掉或替换掉。

由舍弃现实直接可控的物开始是断舍离最基本的开端，因为物是最容易舍弃的。在"舍物"的过程中，你能对断舍离的精神有更为深刻的体悟与了解，方便你走向下一个更为复杂的阶段。

人：不仅是舍弃你不需要的人际关系，还要舍弃你不喜欢的人际交往的方式、态度、习惯。你没必要将人际关系看得太过重要，你不需要去讨好别人，不需要刻意维持和谐感，也不需要为别人牺牲自己。

你自己才是中心，你有权利去选择令你轻松愉快的人际关系，如果有一段关系令你有压力或是你觉得可有可无，那就不要浪费时间，直接终结掉。

我：其实随着外界的物和人的舍弃，我们的内在也会逐渐发生变化，在这个时候我们已经能够清楚地意识到自我的部分中哪些是矛盾的，哪些是要被舍弃的。

你会逐渐感受到自己的内在和外在都变得越来越轻松，甚至随着每一次呼吸，你都能觉察到自己身上的那些负担和压力在减轻。

随着自我意识和思维中不必要的部分逐渐被清除，你对自我的认知也会越来越清晰。没有了多余的矛盾，时间就不会在毫无必要的冲突中被浪费，也能够专注于"把一件事情做好"，执行力也会增强许多。

人对自我的认知与定位，会与外在环境相互作用。一个人的自尊水平提高了后，他对外界的要求也会相应地提高。

高中时，睡我上铺的小刘是个懒懒散散、浑浑噩噩的家伙。那时候，大家都以为他会一事无成，后来他竟然事业有成了。有一次，他去济南找我，我请他吃早点，从一个细节中，我判断出他的确是改变并成长了很多。他点汤时很认真地对老板说："一份糁汤，要香菜，不要香油。鸡蛋不要打得太碎，太碎的话我会退掉。"以前的他，对一碗粥绝对不会有这么多要求。

后来，我发现生活中的强者都会对自己的生活有着很认真的要求。他们会从各个层面认真地对待自己，他们会为自己的感受负责，不会轻易委屈和将就，他们有着自己的独特标准。

我们很难有直观的、可操作的方法在短时间内迅速提升自己的自尊水平，但我们却能够做到对自己的生活有要求，我们从现在开始要让自己的生活变得精致与优雅起来，我们要为自己负责，我们只选择那些与自己"相配"的物品，不再随随便便糊弄自己。

当你开始有意识地注意自己的生活品质时，你的自我认知就会逐渐发生改变和提高："我是一个值得美好生活的人，我会变得更好，我是一个有品位的人，我和那些对生活毫不负责的人是不一样的。"

以往你的拥有很多时，你的精力是分散的，你内心负载太多，你关注得太多，你的精力和能力不足以掌控这么多纷繁复杂的东西，所以你很难专注地做事。突破与成长都是来自专注的力量，这就导致你大部分的人生都在浑浑噩噩中度过。

　　你必须意识到，你人生的意义来自你做好了哪些事情，而不是你做了多少事情，所以不要再执着于"拥有更多"，而是要专注于"做到卓越"。

　　你舍弃了大部分无意义的东西之后，所留下来的就都是珍爱之物。当你全部的精力都集中在这为数不多的人、事、物上，你自然能将它们处理好。

　　在这个时候，你的生活几乎就可以用"精致"来形容了，你能持续不断地获得正向的反馈。无论是你的内在还是外在，都会有一种力量促使着你"往上走"，你会更加趋向于将自己的生活打磨得更加精细和完美。

03 从习以为常的生活中抽离

舍弃各个层面的垃圾的同时，也要保持"断"，即筛选与拒绝。

据我观察，大多数人对于外界给予的刺激基本都会下意识地全部接收，来者不拒。

现在，你应该为自己建立一个筛选机制，只有那些符合你的标准的人、事、物才能走进你的生活，对你无意义或你不喜欢的则要果断拒绝。

果断拒绝，来自内心的安定与你对外物的清晰标准。你应当为自己的生活负责，所以你没有必要为了面子、为了迎合别人的审美、为了获得别人的认可而委屈自己。

不要再因为寂寞而接受一个你不喜欢的人，不要因为抹不开面子而接受你不想要的人情，不要因为贪便宜而购买你不需要的打折产品，不要因为口腹之欲而暴饮暴食。

我不是在要求你克制自己，不是说你要压抑自己的欲望，要强忍自己的冲动，我是要你看清楚自己真正想要的。

仅仅用肉眼去看是没用的，我要你用自己的理智去客观地分析，排解一时的寂寞与今后长久面对一个自己不喜欢的人的纠结与厌恶，满足一时食欲的快感与今后飙升的体重和高血脂、高血压等疾病，这之中的利弊你要懂得如何去权衡。

对事物透彻分析与衡量的能力才是本质，"断舍离"本身并不是目的，"断舍离"只是外在的表象，它只是令你达成目标的手段与辅助。

我说了这么多，只是为了令你"明白"、"看到"那些你过去从未意识到的东西。我若用心灵鸡汤来激励你，其实没有丝毫的用处。

你手里现在拿着一块砖头，我告诉你："看，往前走三步的地方有钻石。"

你看到了钻石就在前面，还需要别人硬逼着你向前走吗？你还会紧紧地抓着你的砖头不放吗？

我们"舍"的是过去的负累，"断"的是未来的麻烦，于是我们的"当下"就会变得越来越轻松。

无论是断，还是舍，都是非常困难的。

虽然不喜欢，但是已经交往了十几年的老朋友，你不想断绝往来；不想去参加聚餐，但是老板下了命令；花几万元买的物品虽然用不到，但又心疼花出去的钱而不舍得扔；虽然知道某些东西会给自己带来麻烦，但难以抗拒一时的欲望……

我们不需要就这些困难去讨论，断舍离的修行过程就是你克服这些困难的过程。

断舍离，能让我们保持自身的独立与自主性，让我们可以从习以为常的平庸生活中抽离，让我们能清醒地认知自身与外界，让我们能按照自己的意愿在力所能及的范围内最大限度去掌控和享受自己的生活，这就是精神断舍离的全部智慧。

04　不卑不亢的强大

内心强大，来自心智成熟的前提下对自我和现实的高度接纳。除此以外，对内心强大的任何解释都是错误的，或是不全面的。

大多数内心强大的人，的确会表现出一种恒定的、不卑不亢的状态。无论何时何地、何种情境都难以影响他们，痛苦和挫折不会令他们沮丧，荣誉和胜利不会令他们骄傲，强者不会令他们自卑，弱者不会令他们自傲。他们不会依附于外物，能坦然且平静地面对一切。不刻意表现，不虚伪地自谦，会真实地做自己。

一个内心强大的人，有什么样的外在表现并不重要。那些描述内心强大的人是什么样的文字、告诉你如何表现得和一个内心强大的人一样的方法，都是毫无意义的。

一个有情绪障碍的人，也会表现得不卑不亢；一个没有自知之明的人，也会在强者面前不自卑；一个有童年创伤的人，也不会刻意表现自己。所以，外在的表现都是表象，最根本的还是在于一个人心智成熟的水平和对自我的接纳程度。

唯有对生活、社会、自身等都有着清醒的认识，经历过足够多的痛苦或是对人生有着深刻的反思，最终意识到世界并非是简单割裂和相对的，一个人才能全然地接纳自己。他才不再为所谓的好的、坏的、弱小的、强大的、美好的、丑陋的这些名相所累，才会同意对事物的评判标准：想和不想。

遗憾的是，这个世界上不存在直接具体的可以让你内心变得强大的可操作的方法，大多数关于内心强大这个话题的论述都是毫无意义的。

内心强大的第一步，就是成为一个以自我为中心的人。

我们如何看待世界和自身，取决于我们对其有着怎样的理解和认知。我们基本上都是在社会环境的影响下形成了价值观和世界观的。

在此之后，随着我们的认知与眼界的提升，我们的认知会不断升级，但是某些具有社会普遍性的观念与思想却是一直深深植根于我们的头脑之中，成为左右我们思想的核心。

你总会下意识地认同和依附于群体，所以当你看见我说要"成为一个以自我为中心的人"时，你会本能地抗拒这个观点。

"以自我为中心的人"是不好的，是令人生厌的，我们不应该变成这样的人，我们应该为别人考虑，把群体利益放在第一位，这几乎是不需要质疑的"公理"。

但是你真的清楚你为什么会抗拒成为一个以自我为中心的人吗？

除了潜移默化的外在影响之外，主要有两个原因令我们拒绝以自我为中心。

第一，我们所受的教育是集体主义教育。而集体主义的教育是为了把个体发展成为集体的一个部分，淡化个体的独立性。

我们不敢表现真实的自己，我们不敢张扬个性，我们必须小心翼翼地表现得和他人一样，一旦有什么"不正常"的举动就会被他人嘲讽。我们总会在潜意识里怀疑自己，怀疑真实的自己是无法被别人接纳的。

当我们总要顾及他人，当我们每个人都在潜意识里不由自主地怀疑自己的时候，我们的内心怎么可能强大？

第二，对以自我为中心的错误理解。我们认为以自我为中心的人就会极端自私，完全不在乎别人，不会帮助别人，对别人十分傲慢。

并不是这样的。以自我为中心和爱别人、帮助别人、对别人谦逊并不矛盾。的确有些人的"自我"是狭隘的，只顾自己的利益，但也有一些人的"自我"则是在不损害别人利益的前提下，更加爱自己，因为他们更加理解自我的独立性，所以会对别人更加尊重，这种自我就像强大而温暖的太阳。而我所说的"以自我为中心"指的就是后者。

我们总认为自我的人都是招人讨厌的，所以我们害怕成为一个自我的人之后被他人排斥和拒绝。

内心软弱的人害怕以自我为中心的人。在以自我为中心的人面前，内心软弱的人会不由自主地感到自卑、压抑、无所适从。以自我为中心的人，不会浪费时间去刻意维护别人脆弱的自尊心，他们会就事论事，他们会像一面镜子一样反射出内心软弱的人对自己的不满和逃避。

所以，内心软弱的人会联合起来反对那些以自我为中心的人，排斥掉会令他们不舒服、能刺伤他们脆弱自尊心的人，试图让大家都变得无攻击性，他们会浪费时间去维持一种看起来很和睦、不会刺伤自己内心的社会环境。这样，他们就可以继续躲在一切看起来都很好的幻象里了。

但是，不要做一个多管闲事的人，也不要被那些多管闲事的人影响。这个世界上很多人都有"多管闲事"的毛病，所以你会害怕成为一个自我的人之后会被别人评判、孤立，甚至中伤，这几乎是不可避免的，无论你成为一个怎样的人，总会引起一些人对你的反感和不满。

你可能的确会变得内心强大，但也许你也会变得更加孤独，你生活中的乐趣会少很多，你有时会陷入极大的空虚中，更不用说会被那些内心软弱的人孤立和评判。

世上的任何事物都是由许多相对的要素组成的，每个选择的背后都意味着你要付出一定的代价。如果你愿意承担选择后要付出的代价，那么你完全可以做任何你想做的事。

当你成了一个"以自我为中心的人"之后，那些所谓的"代价"对你而言根本就无所谓了。

05 除了自身，一切都是虚妄

存在即合理。

任何存在的、已经发生了的都是既定的事实。我们个人的主观意志永远都无法改变既定事实，我们总会一厢情愿地以为事情应该是怎样的，但是存在的就是合理的。虽然我们都抗拒和逃避错误与痛苦，但这不代表错误和痛苦就不存在。

你觉得别人都"应该"照顾你的感受，但事实上并没有多少人在意你；你觉得这世界"应该"是公平的，但不公平的现象仍然存在。

我们自身的价值观和认知能力的种种限制，会让每个人不自觉地抗拒、逃避和否认一部分的现实。

因为我们已经形成的一些狭隘观念如果被现实无情地打破，就会令我们陷入一种自我否定的恐慌之中。

毫无疑问，否定现实的人都是愚蠢的，否定现实只会令你更加受挫。唯有学会接纳现实，接纳所有存在本身，不再用狭隘的自我的观念去否定现实，学会接纳所有新鲜的、超出我们已有经验之外的事物，不给任何事物、任何人设限，我们才能真正拥有一个强大而坚定的世界观。

现实是不断变化的，我们每个人都有可能做到我们想做的事。但现实中的事物变化依据的是客观因果律。

如果你想考上大学，去求神拜佛是没有用的，能对你起到帮助的是好好学习和找一位优秀的辅导老师；你想追求你的梦中女神，你一遍又一遍地告诉她你有多爱她，不停地为她付出，这并不能起到真正的效果，你应该想办法让她真正被你吸引。

无论你想做何事情，想达到何种目的，只取决于遵循客观因果律前提下的两个因素：方向是否正确和努力是否足够。

别人会不会欣赏你，取决于你的个人魅力，吹嘘自己和刻意表现不会获得别人的欣赏；遇到了困难只有找到解决方法并付出行动才能解决，流泪痛哭和沮丧自卑并不会起到作用。

如果你真的能理解这一点，你就会意识到我们一时的情绪、心灵鸡汤的鼓励、求神拜佛获得的心理安慰等，这些都是没有用的。

你只要学会了接受现实、你能理解事物的发展变化只依据客观因果律，你的内心其实已经无比强大了。

叔本华说"世界是我的表象"，即对"我"而言，这世上只有：我和非我。

对个人而言，如果你的一生不是在为你自己而活，那便毫无意义，因为每个人除了自身以外，一切都是虚妄的。

我们存活于世间，不过区区一百年，这世上绝大多数人为了婚姻、名声、工作、子女等奔波一生，并不清楚自己为什么活着，只是在虚耗光阴。我想，真的没有比这更可悲的事情了。

今后，你不要再让朋友圈、电影、广告、营销宣传等来告诉你"该关心什么"，父母不能左右你，恋人不能左右你，社会不能左右你，朋友不能左右你，性别不能束缚你，年龄不能限制你，工作不能捆绑你，金钱不能代表你……

你，可以掌控自己的命运。

不敢理直气壮地表达自己的需求，这几乎是所有内心软弱的人的通病。他们不仅是不敢表达，甚至还会觉得满足需求是羞耻的，感觉自己的需求不配得到满足，他们总会先迁就别人的需求、想法和感受，最后才会考虑自己，甚至他们还会在一些特定的人之前隐藏自己的需求。

　　和朋友去吃饭，你本来想吃烤串，但朋友说想吃炒菜，你一听马上便放弃了吃烤串的想法；你本计划周末好好休息，闺蜜让你陪她去逛街，你拖着疲乏的身体硬是陪她浪费了一个周末；男朋友说买情侣装，你立马同意，还称赞男朋友眼光好，然而实际上你内心深处感觉这情侣装并不好看。

　　你仔细想一想，你身边的那些内心强大的人，哪一个在表达自己需求的时候不是坦然的？

　　你习惯了不敢满足自己的需求，这就导致你很少能去做那些你真正喜欢做的事。不做你自己喜欢做的事你就很少能获得意义感和认同感，所以你总是不快乐、不幸福。

　　你想不想让自己开心？

　　你想不想让自己幸福？

　　想，就在下一次别人让你做你不想做的事时，平静地说"不"！想，就在下一次看到你喜欢的而别人让你选另一个时，告诉他："不，我喜欢另一个。"

　　在人与人的交往中，如果双方都能坦诚地表达自己的需求，只会让交往关系变得更加轻松，所以你不用担心表达需求时会令别人不开心。如果你的需求和别人的需求出现冲突，要如何抉择还是依据你自己需求的强烈程度和对方在你心目中的重要程度而定。

你可以不接受他人的建议和评判。

每个人一生的走向和未来都是不同的，当别人对你的问题给出看法时，他也只不过是就他自己的经历、思考、推导等给出你一个"他认为"最好的答案。

这世上有很多一事无成的人却偏偏好为人师，他们给你的所谓的建议不会对你的问题有什么帮助，只是在向你输出他们的价值观，试图令你变得和他们一样罢了。虽然不可否认可能也会得到真正有智慧的前辈的指点，但这概率太小了。人的"智慧"只能由自己得来，而无法从别人那里获得。

你生怕自己做错，生怕自己错失良机，生怕自己受损失，生怕错失别人的建议会改变自己的一生。事实上别人的建议至多只能给予你一时的帮助，却令你错失了一个极好的检验和提升自我的机会。完全按照自己的想法去做，那么不管是成是败，你最终获得的都是属于你自己的经验。

当你不再接受别人的建议，而按照你自己的想法行动，这样你才能在无数的错误中不断地调整和提升自己，你的想法也会不断"升级"。

你拒绝别人的建议可能造成一时的损失，但比起你坚持自己所获得的经验和进步简直微不足道。

你不是一个"怎样"的人，开朗、内敛、善良、自私、聪明、愚蠢等都不能定义你。别人也不可能真正了解你，甚至我们自己都不可能真正了解自己。人无法了解自己，人只会解释自己。

别人眼中的你，只是你经常在别人面前表现出的那一面，无论是别人对你是赞美还是诋毁，和你本人没有多大关系，他们对你的评判不过是他们认为的那个你。

从现在起，请你完全地做自己，不要再像以往那样"自以为是"地活在别人的眼中。

王阳明说："圣人之道，吾性自足。"任何人都是本性自足的，你不需要他人的建议，从当下这一刻起，你完全可以是内心无比强大的。

尽管以上我所说的这些内容可以修改你的认知逻辑，提升对现实和自我的接纳度，但想要心智成熟，必须要靠你自己去经历、去反思、去改变。

Part 9

从平庸到卓越的秘密

你主动去做一件事，并不是因为你喜欢这件事情才会去做，而是因为你能够从做这件事中得到意义感。

01　迈向成熟的第一步

许多人会说，你要有一个精确的目标，制订合理的计划，付出努力，坚持不懈，等等。

对于一个已经成功的人，你去总结他的经验，分析他的经历，总结出这个人成功是因为他眼光长远，但这都是基于他已经成功，已经卓越，你只是在寻找一些支持他已经成功这个结果的条件，而你列举出来的条件并不是使他卓越的真正原因，你看到的只是一些似是而非的卓越因素。

每个人一生会遇到的事情何其复杂？即便你把马云的个人经历研究得滚瓜烂熟，把你放到马云十几岁时的境遇里，你就一定能做出马云今日这么了不起的事业吗？

现在，网络上有许多来自成功者的有用经验，以及各种优秀的学习、工作和生活方法、方式，许多人看了都纷纷点赞，觉得非常好，然而对你而言，这可能并没有什么实际作用。有的人能从心灵鸡汤中受益，有的人则不能，最根本的原因不在于心灵鸡汤的好坏，而在于你有没有从心灵鸡汤中吸取营养的能力。

例如，小张听到"努力就能成功"这样的言论，天真地相信了，结果满腔热血地撞在了"南墙"上，还不回头，自己失败了，却不知道自己错在哪里。而小刘则非常清楚地意识到，努力不是成功的唯一要素，所以他从心灵鸡汤中总结出努力的方法、技巧和方向，用不着去撞"南墙"。对比小张和小刘的不同，他们之间根本的差距就在于对待别人的观点与思想的态度是不一样的。

一个人是否卓越，有没有前途，今后会不会很厉害，从根本上来讲是取决于"他是谁"，而不在于"表面上他做了什么"。

有人告诉你想卓越就得坚持不懈地努力，但你发现有些不那么努力的人却成功了；有人告诉你想卓越就要拥有一个伟大的梦想，但你发现很多没有梦想、随性而为的人也成功了；有人告诉你想卓越就要坚持自我，不要在意别人的看法，但你又发现很多坚持自我的人却在生活中穷困潦倒。

你只能看到别人给你说的道理的表面，你总是想给任何事情都找出一个有迹可循的规律，你以为自己只要收集了足够多的经验就能够避免失败。然而，人生充满了偶然和不确定，世上从来不存在一条只要你按照它去做就一定能成功、使你变得卓越的道理和法则。

在人类的逻辑体系内永远都是"二元对立"。你总是会发现许多事正着解释也行，反着解释也可，俗话说"兔子不吃窝边草"，俗话又说"近水楼台先得月"，你得学会认清自己内心真实的想法，诚实地面对自己，而不是单纯依靠别人的经验，用别人告诉你的道理来过你自己的生活。

不欺骗自己，是迈向成熟的第一步。你得先学会诚实地面对自己，才能够去理性地看待问题，才不会被那些看起来很有道理的话迷惑，才能够分清什么是对你真正有用的，才能够学会对自己负责，正视自己的问题，自己去想办法解决问题。

02 去尝试新鲜的事物

不知你发现没有，我们总是喜欢给许多事情加上一个道理、规则去解释。

比如创业失败了，你会苦思冥想总结出几条经验告诉自己，前期准备不充分，员工能力不行，运营思路有问题，等等。这些经验与总结的确也有一定的借鉴意义，但是实际上，对一些人来说，这种总结与经验在很大一种程度上是一种给自己的"心理安慰"。

因为我们在潜意识里恐惧未知，害怕偶然，认为未知和偶然意味着不可掌控，意味着我们面对现实很无力。

没有人敢承认自己其实不知道为何失败，不敢承认自己的失败有很多的因素来自偶然，不敢承认生活中有许多的事情是不论如何努力、如何付出也不受自己掌控的。

所以你喜欢听道理，你喜欢听对事情的总结，因为那些道理和总结会令你感觉自己好像是对一切都是知道的，感觉一切会因此变得有迹可循，这些道理与总结会给予你一种安全感。

但是，请你先意识到并且接受生命中的偶然与不可控的要素的存在，然后再来看待这个问题。

你现在再想想这句话："你成功与否，你卓越与否，首先是取决于你是谁，而不是你做了什么。"

现在我们来分析卓越的本质。

卓越，说白了就是一个人能把一件事情做得非常好，好到大部分人都无法超越。因此在最根本上，卓越取决于你能不能把一件事情做好。

衡量一件事情做得好不好的标准，不在于你在这件事情上投入了多少时间，做了多少练习，付出了多少心血，做了哪些牺牲，只在于你的产出结果的质量。

你想成为一位卓越的作家，那要拿你写的作品说话；你想成为一位卓越的产品经理，那要拿你做出的产品说话。

在你卓越的作品没面世之前，你所做的一切都是为达到"卓越"这个目的服务的。

所以你要明白，不要被那些不同手段的区别所迷惑，不要被自己的情绪迷惑，更不要拿自己的付出来感动自己。

你想在下次考试中获得班级第一的好成绩，在此之前你每晚一点才睡，不论在什么课上都疯狂地做笔记，头悬梁，锥刺股，一顿饭吃二十个鸡蛋补充蛋白质增强记忆力，但结果你却只考到班级第十。

这个时候请你记住，不要因为觉得在别人面前丢脸而沮丧，不要因为一时的失败而痛恨自己不够努力，不要为了让别人觉得你是个有上进心的人而更加发奋。

总而言之，不要因为外力而欺骗自己。

沮丧、难过、悔恨等这些情绪是失败后的情绪的自然反应，而负面的情绪在本质上是一种对现实的逃避，是你主观上让自己沉浸在负面的情绪里从而躲避自己真正的问题。

有的人会觉得这次的失败只是因为自己还不够努力，所以要更加地努力。这道理是对的，但是大多数人对于"努力"二字的认知只停留在"看起来很努力的行为，还有努力的时长"上。

但真正的努力是你找到问题的根源所在，然后有针对性地去付出有实际意义、能够产生效果的行动。

很多人不愿意承认的一个问题是，他们在骨子里之所以会那么平庸，是因为他们很懒并且不愿意去面对真正的问题。

　　他们不愿意改变自己，他们不敢去想自己这次没考好是因为没有真正用心去背必考的要点，没有用心揣摩考题的思路，虽然每天自学到凌晨，但自学的效率并不高，反而会因为占用了休息的时间而使白天课堂上听课的质量降低，虽然他们把课文背了一百遍，但每次背的时候都没有真正记在心里。

　　其实很多人潜意识里是知道自己所做的事情并不会解决问题，但他们会用"有努力就会有回报""付出总会有收获"这样的道理来安慰自己、糊弄自己，天真地幻想着问题会解决，天真地认为自己做的虽然不是真正有价值的事，但是过一阵子，事情自然会好。

　　他们不愿意改变自己，明知自己的做法是错误的，明知自己所做的事不会产生自己想要的结果，还是会闭上眼糊弄过去，仿佛老天会帮他们解决好一切。

　　所以许多人所谓的努力，只不过是对真正问题的逃避罢了。

　　生活中许多时候，你越是想强迫自己改变，越是想令自己变得稳重，变得有目标，变得努力，你越是做不到。

　　你想要变得踏实稳重，有目标，有理想，但并不是你在某个地方看了一篇文章告诉你怎样确定理想、怎样努力，于是你就有目标、就能努力了。

人的改变是需要契机的，虽然看到一篇有思想的文章可能是一个契机，但这个概率非常小，因为最本质的还是在于你个人的知识积累、认知能力和思维能力的运作方式，这个契机只是作为一个突破点，把你以往的知识点联结了起来，然后你才恍然大悟，真正想通了，于是自然而然地就改变了。

所以不要刻意地追寻，而要更多地关注"积累"。

回到问题上来，就现实情况来看，把一件事情做好需要投入时间去钻研，需要反复地练习，而从理论上来讲，一个人只要在一个领域投入足够的精力与时间去研究，都能够达到卓越的程度，但现实中又往往会因为个人意志与生存问题的冲突导致一个人无法在一个领域投入足够的精力与时间，但人又总是会欺骗自己，不敢面对真正的问题，不去付出真正有效的努力，从而导致自己只能平庸一生。

对大部分人而言，即便他们知道了自己平庸的原因，知道了该怎样做到卓越，他们明天依旧会刷微博、刷微信，做自己不喜欢的工作，沉浸在无效社交中，他们并不会付出实际的行动，他们也懒得去投入地做好一件事情。

这并不是因为他们懒惰，也不是因为他们习惯了平庸，而是人的一生本就是无可预测的，人的本性也很难改变，大部分人都是顽固的，他们局限在自己对世界既有的认知里，沉浸在靠欺骗自己就能获得的廉价的安全感中，浑浑噩噩地过着，意识不到"我是孤独的，只有我能够为自己负责"这个事实。

你得迈出那一步，走出自己的心理舒适区，去尝试新鲜的事物，然后那些你只是"知道"却不"明白"的道理才能真正地在你头脑中被接受，你的行为、你的本性才会慢慢得以改变。

也许现在的你还没到改变的那一天，也许现在的你还没遇到那个令你顿悟的契机，但是从现在开始，你至少可以去尝试不再欺骗自己，不再用虚伪的道理与经验安慰自己，无论你想做什么，不要犹豫，去做就行了！

03 从工作中获得意义感

为什么工作会令你痛苦？

但凡会因为职业与兴趣不匹配而感到痛苦的人，往往对自身及社会没有清醒的认知。

大部分人在未踏入社会之前意识不到工作会占据自己今后生活比重的50%以上，做的工作是否喜欢，工作的环境是否舒适，在很大程度上会影响自己的情绪变化。

正因为对于未来缺乏长远、清晰的规划，所以当我们处在校园，还没有生存压力的时候，很少有人能明确地去做对自己的未来有帮助的事，也很少有人会有目的地在最宝贵的时间里学习真正有用的技能。

大多数人在少年时代都将光阴花费在了吃喝玩乐、谈恋爱、打游戏上。在踏入社会的时候，我们没有做好准备，许多人匆匆忙忙地找了一份像样的工作稳定下来，或是经家人、朋友介绍盲目地进了某个单位……

在这种情况下，有的人或许恰好找到了自己的兴趣，能从工作中获得意义感而对工作产生了热情与兴趣；有的人也许尽管不是真的喜欢他们的工作，但他们有一种不被喜好影响而坚持把事情做好的品质，所以他们逐渐会培养出很高的职业素养，令他们在工作中能获得较好的回报。

而剩下的人，面对着自己不喜欢的工作，既没有认真把事情做好的能力，又没有辞职换工作的勇气。他们日复一日地抱怨着公司的种种制度不合理，对自己的工作敷衍了事，空虚度日。

随着工作的时间越来越长，不仅工作的激情被逐渐消耗殆尽，整个人也变得越来越消极，对工作越来越厌恶，而且个人的技能没有丝毫增长，在公司的前景也越来越渺茫。有些人也许会试着跳槽，但跳了很多家总是觉得不满意，总觉得这不是自己想要的，最终只会越来越迷惘，越来越浮躁。

所以，为什么工作会令我们痛苦？

许多人会下意识地以为是因为没有找到自己喜欢的工作，

自己做的并不是自己感兴趣的事，然而事实上深层次的原因在于：

他们无法从工作中获得意义感。

他们根本就没有投入一件事中，以及认认真真地把工作做好的能力。

在人类的安全需求与生理需求被满足后，意义感是人类行为的重要推动力之一。你主动去做一件事，并不是因为你喜欢这件事情才会去做，而是因为你能够从做这件事中得到意义感。

当你能投入做一件事的时候，这个过程会带给你意义感，促使你愿意更完美地完成这件事。当你把这件事做得越来越好，它又会给予你更大的意义感，所以这样就形成了一个良性的循环。

你在很小的时候对一切都充满好奇心，很多事情你都愿意去尝试。小孩内心的杂念不多，因而更能投入地做一件事，获得意义感也更容易一些。

一方面，不同的事情难易程度不同，随着年龄的增长，你所面对的事情难度增加，获得意义感的门槛也在不断提高，你必须经历一段枯燥乏味甚至漫长的坚持，才能体会到这件事情带给你的意义感。

　　我们心中浮躁，无法沉下心投入工作，总是工作了一会儿就玩手机，工作了一会儿就浏览网页，其关键就在于互联网中微博、微信、淘宝等平台推送的资讯无时无刻不在吸引着我们的注意力。

　　互联网使我们能轻而易举地获得意义感，拿起手机就知道国家大事，点开朋友圈就知道别人那边发生了什么。

　　这种廉价的、轻易得来的意义感在潜移默化地影响着我们感受世界的方式，它令我们对其他需要通过更高门槛才能获得意义感的事情变得越来越不耐烦：写文章要三个小时，不写；这本小说这么厚，不看；学这个课程竟然要三个月，不学……

　　对比需要投入更大精力，投入更多时间才能获得意义感的工作，我们当然更乐于选择打开网页就能感受到与他人联结的这种轻松获得意义感的方式了。

　　而另一方面，随着社会分工越来越精细，很多人就像流水线上的机械臂一样做的都是重复的工作，而人类的潜意识里又排斥没有创造性与成就感的事情，所以，也许表面的你拥有一份体面的工作，但你心底很清楚，你所做的并不是什么了不起的工作。

　　对于这样的人，虽然工作本身无法带给他们成就感，但工作却能带给他优越感或荣誉感，一份不错的薪资也能在其他方面给予他们很大的满足，所以这类人虽然清楚地知道自己并不喜欢自己的工作，却不会讨厌，更不会因为自己的工作而感到痛苦。

所以，那些叫嚣着因为做的是自己不喜欢的工作而不开心的人，大多数不过是没有足够的职业素养、心态浮躁且不愿意付出努力的懒散之人。

大多数所谓"追求自己喜欢的职业"的人，他们在生活中往往觉得被压抑、被束缚、不自由。

这种压抑感会让一个人永远处在一种不自在的状态里，时时刻刻想着的是如何与环境对抗，如何与外界对抗，永远都无法安定下来，会永远感觉自己还没有准备好，所以这样的人做事往往虎头蛇尾、有始无终。

而且越是说得天花乱坠的人，其行动力也就越弱。因为这样的人总是活在自己的幻想里。这种幻想令一个人无法接受现实，不知道人生本就是苦难重重。

人只有接受这一点，才能真正地学会面对，学会承担自己的责任，才能真正拥有不被外物轻易削弱的行动力与意志力。

你只有认清这个现实，才能找到你真正喜欢的是什么。

任何一份工作都会有一些你不喜欢的因素，如上升空间、薪资待遇、上司人品、工作氛围、公司名声等。

你觉得你无法找到一份能在所有方面都满足你需求的工作，你只要在工作中有任何一点不顺就会被无限放大而担忧，然后打着"这不是我真正喜欢的职业"的幌子想要逃离。

你如果不能承认自己只是习惯性地什么都不想做，你就会一直把"要做自己喜欢的职业"当成合理的借口而逃避。你那不是在寻找自己喜欢做的事，你只是逃避人生中的苦难，你想要的只是生活中那些幸福的、快乐的时刻，你所要的是直接得到成功后的成果与回报，而忽略了达成目标过程中的努力、辛苦和付出。

现在你好好想一想，你对现实抱有多少不切实际的幻想，让这些幻想全部落到地上，再问问自己真正想做的是什么。

当你以为自己找到了一个答案，就再问问自己，你是否愿意接受并且能够解决你喜欢的职业会遇到的所有问题，你是否愿意为之付出切实的行动与不懈的努力，你是否愿意为了做你喜欢做的事而先把那些你不喜欢的事做好。

如何匹配职业和兴趣？

最紧要的一个前提：**你必须要对自身及社会都有清醒的认知。**

首先你必须要意识到，理想是理想，现实是现实。每个人都想无拘无束，只做自己想做的事，然而人除了有理想，还背负着责任。

比如你老婆体弱不能工作，女儿上学需要花钱，也许你现在的工作不是你喜欢的，但它能提供给你足够的薪资，让你一家老小衣食无忧，如果这时你决定放弃现在的工作转而追寻理想，做自己想做的事，显然并不理智。

不是说必须要让自己的职业和兴趣匹配，每个人的生活侧重点都不同，每个人需要背负的责任也都不一样，追寻内心做自己，还是背负责任为别人，这两者没有孰优孰劣，只不过是境遇不同，选择不同罢了。

所以现在你首先需要建立对自身、对社会的清醒认知，摆正自己的位置，分析你自身的具体情况。

如果你现在的境遇是受限于各方面的条件和压力，那就继续现在这份工作，暂时不要纠结于工作与兴趣是否匹配的问题，对你而言，这是在理性层面上最好的选择。你总要先做完那些你不喜欢做的事，才有资格做你自己喜欢做的事。

但如果你是年龄还比较小，自身没什么压力，又明确知道自己不喜欢目前工作的人，我建议你一定要多去尝试。

有些人不喜欢自己的工作，也的确可能是因为真的没有遇到自己喜欢的工作。这个尝试并不是鼓励你多跳槽，尝试的前提是你要做好充足的准备与精准的分析。

不是说你看到某个职位不错，薪水高、工作闲、待遇好，很吸引你，你就误以为那是你喜欢的，你就去了。而是说你要有来自自身的标准，你确定了理想的工作有哪些必须满足的条件，然后在接下来的求职与工作中不断地调整你的行为。

比如说，我想成为一位作家，我一开始的标准是给予我足够的薪资保障，并且能提供自由创作的空间。在接下来的求职过程中，我发现除了这些，周末双休对我而言也很重要，我可以用双休的时间增长见闻，此外，一个负责任的编辑也很重要，能给予我正确的指点。

你必须要明白，自身与社会环境永远都存在着冲突，所以你要学会根据现实情况去调整自身。在调整中使自身的兴趣与现实不断磨合，你的兴趣越贴近现实，你的工作就越有效率，你就能获得更饱满的意义感。

只有这样，把你的兴趣变成工作，才会是一件快乐的事。

04 追求想要的东西

　　人生中的许多痛苦，其实是内心深处的意愿与现实环境有冲突或是不协调所导致的。

　　大部分人往往不知道自己内心深处真正想要的究竟是什么。更令人不解的是，我们很多人似乎从未想过去了解自己的心灵，发现答案。

　　当生活中遇到不顺的时候，当追寻目标却陷入了迷惘的时候，当感觉自己所做的事情毫无意义的时候，有些人只会去想如何去做一些所谓的"更有意义"的事，比如如何赚到更多的钱，或者如何找到一个更漂亮的伴侣，等等，想用这些外在的表象来给自己找到一个目标和方向，从而令自己暂时从痛苦的迷惘、焦躁中走出来。

　　但是，即便他们去做了那些所谓的"更有意义"的事，即便他们赚了很多钱，即便他们找到了很漂亮的伴侣，他们又会再次陷入迷惘和痛苦之中。因为他们做的并非是他们内心真正想做的事。

如今，很多人都认为，赚很多钱，拥有漂亮的伴侣是很体面、很有意义的事。

可是，那真的是你自己内心深处最想要的吗？那是你真正愿意为之坚持奋斗一生的事业吗？你真的需要很多钱吗？你真的想成为明星、成为富豪、成为政治家吗？你真的喜欢只有好看的皮囊而毫无内涵，不能在精神层面与你交流的伴侣吗？

也许你会回答："是的，这些东西是大家都在追求的，而且我自己也能感觉到，这些东西对我充满了诱惑力，这些就是我真的想要的。"

我想提醒你的是，你大概是把自己的欲望与内心真正想要的搞混了。

人类是很复杂的动物，我们是地球上唯一有自由意志的物种。正因为我们有了自由意志，所以我们才可以去追求自己想要的东西。

但人类本质上还是动物的一种，所以在很大程度上，我们也都是在被欲望驱动。当我们对世界、对社会、对自身没有清晰的认知，没有清晰地意识到什么是自己真正想要的，什么是自己根本不需要在意的事的时候，我们就会像无头苍蝇一样，只能凭借本能与欲望行事。

金钱与地位，这是我们满足自己物质欲望的凭证。我们想吃，有了钱就可以买任何自己想吃的东西；我们想旅游，想见识更广阔的世界，也需要金钱去乘坐交通工具，去住旅馆酒店，去买装备……

而社会地位则用来满足我们精神层次的欲望。在原始社会的组织架构中，你在团体中拥有越高的社会地位，就代表着你越安全，对其他的个体也拥有着更多的支配权。所以当我们拥有了更高的社会地位时，就会产生一种相比其他人的优越感与支配欲的满足感。

而人类社会会心照不宣地推崇这些东西，向往这些东西，鼓励人们追求这些东西，最本质的原因就是这些东西是"人类欲望得到满足"的集中体现。

人类学会了用火，学会了制造器械，成为地球上强大的物种，因此在基因最核心的两个特性"趋利"与"避害"中的"避害"基本得到了保障之后，在智慧还不足以意识到自己的心灵问题时，人们本能地就会往"趋利"的方向前行。

自由意志的难以琢磨会令人们对生活充满了空虚与恐惧，而欲望的满足恰恰能使这种空虚与恐惧得到满足，人们感觉欲望得到满足是很快乐的事，所以，从古至今才会打着各种各样的旗号，宣扬着"满足欲望论"。

我并不是说追求满足欲望是不好的，也不是说找到自己内心深处真正想要的东西后就不用再追求欲望满足了，我只是希望你明白这一点：欲望在很大程度上会拉扯着你，它不停地用各种各样让你满足的快感诱惑着你，它一直在吸引着你的注意力，于是，你的生命在追逐和满足一些无意义的欲望的过程中被虚耗了。

这些欲望像是黑布一样将你的内心一层又一层地紧紧包裹着，令我们既无法感知自己的内心，又无法意识到我们需要感知自己的心灵。

我们在有着同样欲望追求的大环境下已经生活了多年，即便你现在知道了自己已经偏离了自己的内心轨迹这么久，即便你知道自己现在所过的生活并不是你内心深处真正想要的，恐怕你也不敢去倾听自己内心深处的声音。

因为你怕。你怕自己一旦觉察到你的内心之后你现在的生活将会被全部打乱；你害怕自己会辞职，怕你会失去经济收入而无法在社会立足；你害怕你会失去现在的名声与地位、朋友与伴侣，你害怕面对"人的本质是孤独的"这个事实。

诚然，每个人都有自己的选择。如果你看到这里，经过深思熟虑之后觉得，你的身上背负着沉重的责任，你有父母要照顾，你有妻儿要陪伴，你舍不得放下欲望的满足感，那么你现在就把这篇文章放到一边，不需要再继续看下去了。

事实上，找到自己内心深处真正想要的东西不一定会将你现在的生活全部打乱，但我也无法否认会有这种情况发生的可能性。每个社会人都有他要承担的责任，要不要找到自己的内心需要这也只是一种个人选择，是追寻内心所需，还是继续现在的生活，其实并没有什么好坏之分。

如果你经过深思熟虑之后，觉得你现在的年龄、责任、身份、社会地位等都还没有对你造成太大的束缚的话，那么请继续看下去，下文将教你剥开蒙蔽你的欲望、痛苦、伪装，教给你直达你的内心、拥抱真实的自己的方法。

你需要审视自己的内心，去一层一层剥下那些蒙蔽了你内心的伤痛、铠甲、借口、情绪等。

你现在可以把你的内心想象成一个洋葱，剥开这个洋葱，就是为你的内心解开束缚的过程。当你把洋葱剥完之后你会发现最深处什么都没有，从某种角度上讲你的内心确实是会如此。

但是看起来什么都没有并不是说真的什么都没有，那是一种非常自然的状态，没有矛盾，没有对错，没有得失，那才是你作为一个纯粹的人的真正内核。

你内心的最深处是无法被定性的，你无法去描述，也无法表达它。

剥开内心外面的那些伪装与束缚会是一个很漫长的过程，你可能要花很长的时间先学会变得"觉知"——觉知你的内心，觉知你的欲望，觉知你的束缚与限制。

这不是修炼超能力，或是类似灵修的那一套玄妙理论，这只是一个选择，一个你自己做出的选择，是向内的革命。

只有当你鼓起勇气愿意承担打破现在生活的责任，当你渴望听到自己内心深处真正的声音的时候，你自然会拥有一种力量与智慧，你自己就会清楚如何抵达自己的内心深处，拥抱最真实的自己。因为那本来就是你自己与自己的对话，不需要别人教你如何做，我只是让你意识到真实的自己的存在。

当你抵达了自己的内心深处，还不代表着你立刻就能知道自己真正想要的是什么，你真正想做的是什么。

有这样一个方法，很实用。如果你愿意尝试，愿意按照要求去做，或许我可以用接下来的不到五百个字，帮助你在二十分钟到一个小时内找到你的人生目标。

我们开始吧。

(1)先在你忙碌的生活中找出一个小时完全空闲的时间。关掉手机，关掉电脑，关上房门，保证这一个小时内没有任何打扰。这一小时只属于你和你要找到人生目标这件事。你要记住，这可能是你人生最重要的一个小时。你的命运可能会因此而变得不同。如果一个小时的时间货币只能用来换一样东西，那么找到你的人生目标绝对是最值得的。

(2)准备几张白纸和一支笔。

(3)在第一张白纸最上方的中间，写下一句话："我这辈子活着是为了什么？"

(4)接下来你要做的，就是回答这个问题。把你脑中闪过的第一个想法马上写在第一行。任何想法都可以，而且可以只是几个字。比如说："赚很多钱。"

(5)不断地重复第四步，直到你哭出来为止。

是的，就是这么简单。尽管这个方法看上去很傻，但是它很有效。

如果你想要找到人生目标，你就必须先剔除脑海中所有

"伪装的答案"。你通常需要15—20分钟的时间去剔除那些覆盖在表面的受到外界主流思维和观念影响的答案。所有的这些"伪装的答案"都来自你的思维和你的回忆，当真正的答案出现时，你会感觉到它是来自你的内心最深处。

对于从来没有考虑过这类问题的人来说，可能会需要比较长的时间（一个小时或者更多）才能把脑子里的杂念全部剔除掉。在你写到50—100条的时候，你可能会想放弃，找个借口去做别的事。因为你觉得这个方法可能没有任何效果，你的答案看起来很杂乱，你也完全没有想哭的感觉。这很正常，不要放弃，坚持想，坚持写下去，抵触的情绪会慢慢地消失。记住，你坚持下去的决定会将这一个小时变成你人生最重要的一个小时。

当你写到第100个或者第200个答案时，你可能会突然有一种说不出的情感在内心涌动，但还不至于让你哭出来，这说明那还不是最终的答案。把能触动你内心的答案圈起来，在接下来继续写的过程中，你可以回顾这些答案，这会帮助你找到最终的答案，因为那可能会是几个答案的排列组合。

但无论如何，最终的答案一定会让你流泪，让你在情感上崩溃。

　　以上就是我想告诉你的如何进入自己的内心深处，如何找到自己真正想做的事。在这些文字背后，那些用语言无法表达，只有情感和心灵才能理解的智慧，才是我真正想分享给你的。

05 理解自己想达到的层次和境界

很多人总会对那些听起来很有道理而实际上并没有什么帮助的文章趋之若鹜，其中某一两句话说到了自己的痛点，引起了自己的共鸣，觉得自己感同身受，似乎真的能够令自己改变。

每个人都有自己的喜好，我们无权去评判他人的喜好标准。但是那些看起来很有道理的心灵鸡汤与能够抓住你情绪、令你产生共鸣的故事对于个人的提升与成长有时不仅没有什么正面作用，反而可能成为一种毒害，因为它们会扭曲你对现实的认知。

我们应当用理性与系统的思维通过剖析事物的真相，从而令自己能够从意识层面上理解并改变自己的认知，然后由意识层面的根本出发，才能促使自己在生活中真正付诸行动，进行改变。

一个人无法做好他不想做的事。不管你说得多么有道理，在逻辑层面上多么无懈可击，用词多么优雅和精准，如果那无法改变别人的意识与认知的话，就不会起到任何作用。

即便你因为一篇心灵鸡汤的鼓励而做了一些事情之后发现自己好像改变了一些，但你也要意识到，你的改变是源于你做了实事，你付出了行动，在这个过程中你对现实有了新的体会，改变了你的认知和意识层面，而不是因为那些心灵鸡汤中的文字。

如果你很容易就能受到心灵鸡汤的"鼓励"的话，那么你同样也会很容易接受挫折或负能量的消极暗示。你指望通过外在文字和语言的影响来改变自己，这本身并不是一个可取的方法。

我不是要告诉你变得成熟多么重要，或者变得成熟是多么好，然后鼓励你去追求成熟，我只是在试图让你理解成熟的本质是什么，使你在意识层面真正地去想。

如果你真正想变得成熟，那么你不需要任何鼓励就会自然而然地付出行动。因为这种行动是出于你自己主动的选择，所以在这个过程中你根本不会感到压力和阻碍，你反而会很快乐。

以往都是浑浑噩噩地、被动地从生活中吸取经验和智慧，被动地变成熟，只是等着生活推着你走。主动式的追求成熟会要求你付出很多，你的头脑会做许多有价值但是会有些看似无聊的思考。你不会再像以前那样任由自己的大脑胡思乱想，你不能再躲藏在胡思乱想的背后消磨时间了，你会从习惯性的逃避和自欺欺人中清醒过来，一点一点地改变自己生活的方方面面。

如果一个人真的想自我改变，根本还是要从意识层面上真正的由内在去理解自己所想达到的那个层次和境界。

大部分人难以做出改变，原因有两个：

a.很多肤浅的传播者对问题的分析流于表面的定义，造成误导性传播

由于语言的局限性，同一件事物会有多种不同的解释方式。有的人认为敢作敢当就是成熟，有的人认为沉稳可靠就是成熟，有的人认为身经百战、见得多了就是成熟。这些不同的定义和解释会令你分不清什么才是真正的成熟。

大多数的定义只是在告诉你一个成熟的人会有哪些外在的表现，你会下意识地以为只要能够做出那些表现就会变得成熟。

你必须要意识到，真正的成熟和听起来很有道理、很励志的成熟是两码事。那些读起来让你觉得感动、励志、温暖的文

章，它们所阐述的关于成熟、爱情、人生意义等能轻易引起你情绪层面共鸣的，那可能已经扭曲了现实。

不要再坚信那些自欺欺人的、听起来很美妙的观点和论调。其实你自己的潜意识里很清楚，当你接触到一个观点时，你是因为这个观点正确而赞同它，还是因为你希望或感觉这个观点是正确的而赞同它。

例如，你赞同"平平淡淡才是真"这个观点，可能是因为你没有能力拥有精彩的生活而不得不选择平淡；你赞同"一个追不到的女人和一个实现不了的梦想能令男人变成熟"，可能是因为你希望或者是想当然地以为这两者会令你变成熟。

实际上，"一个追不到的女人和一个实现不了的梦想"能不能令你变成熟，取决于你有没有从这两者中吸取经验和智慧的能力。这世上追不到女人的男人和实现不了梦想的男人多了去了，难道他们都因此而变成熟了吗？

其实，我们的潜意识是很清楚现实是怎样的，但当你听信了那些扭曲的、自欺欺人的概念和定义并信以为真的时候，你的头脑中就已经产生了一种矛盾了，你欺骗不了自己，你的意识会阻止你，所以接下来你每走一步就会觉得愈发艰难。

如果你一开始的方向就是错的，那么接下来的路程便只是在浪费生命。

也许，你的确可能会在错误的旅程中忽然找到正确的方向，但你需要意识到，在踏上旅程之前得做好明确的分析和规划，且从理性的角度看这是否是最有效率的选择。

b. 很多人根本不知道自己究竟想要的是什么

成熟的各种定义和解释是没有对错和优劣之分的，区别只在于你如何去看待和使用这些定义。

但是很多人根本不知道自己的目标何在，今天听这个人说成熟就是"沉稳"觉得没错，明天听那个人说成熟就是"淡定"觉得很有道理，后天听一个大师讲成熟就是"拥有强大的内心"觉得真是太感人了。这些观点听起来好像都挺对，你好像也找不到什么理由可以反驳，然而这些不会在你身上起任何作用。

因为我们觉得只要是"对"的东西对我们而言就是"好"的。但是"对"和"好"是两码事，最重要的在于是否适合你。

你要先把思维转变过来，语言和文字的定义只是供你参考的工具，成熟是什么样子的在于你自己如何去理解。

所以你需要认清一个前提：你可以选择走向成熟，也可以选择不用成熟，你没有必要因为别人都说成熟是好的，你就也要去追求成熟。关键在于你想要的是什么，你想达到的目标是什么，哪种成熟的定义能在你达成目标的道路上帮到你，你就选择哪种。

即便你的目标是在全世界一百个人口最密集的地方连做三十个后空翻，而现在这些成熟的定义和解释没有任何一条能够帮到你，那你丢掉它们就是了，你没必要在意自己是否符合成熟的定义。你可以将成熟定义为有勇气在大街上就着大蒜喝咖啡。

当你理解了以上两个原因之后，你才有资格讨论如何走向成熟。

在成熟和不成熟之间，有一道分水岭：一个人是否拥有清醒的自我认知。

成熟是一种只发生在个体身上的转变，它只和个体自身有关，只有个体自身对他自己的成熟负有完全的责任，而和别人的评价、社会的规则等没有丝毫的关系。意识到这一点，是你想走向成熟的一个重要前提。

如果你不能够理解为什么你的成熟只和你自己有关系，那你就会陷入别人的期待和一种看似在努力但实际只是在自欺欺人的幻象之中。

所以我从来不赞成那些告诉你一个成熟的男人会有怎样的行为和表现，然后你努力做到这些行为和表现就意味着你成熟了的观点。因此我也不会告诉你怎样才能变得成熟，而是希望能够教给你一种如何看待成熟、如何拥有你自己的成熟的思维方式。

比如，一个成熟的男人的表现：他们沉稳、处事不惊，能够在危险中保持镇定；他们不容易被冒犯，却很容易能给人带来安全和可靠感；他们从不寻求关注和爱护，他们在生活中能给予他人认同和爱……

当你看到这样的论述时，你会觉得的确很有道理，但大多数人仅仅限于点了一个赞之后就抛诸脑后了，或者是幻想自己能够达到这种状态，而仅仅停留在行为和外在表现的层面。

你要明白，即便是你强迫自己做到了沉稳，做到了处事不惊，你能够给别人安全感和可靠感，你不再去寻求别人的关注，也并不代表你就是真的成熟了。甚至你举止有分寸，行事有风度，待人接物滴水不漏，周围人都赞美你、夸奖你，这也不代表着你就是成熟的了，这至多证明了你社会经验丰富、世故和圆滑。

一个成熟的人，或许会沉稳，会处事不惊，会不去寻求别人的认同和关注，但这些都是一个成熟的人的外在行为和表现。

他可以沉稳，也可以不沉稳，但是外在行为的变化不会影响到他成熟的本质。

如果你不知道自己想要的是什么，你不知道自己的目标何在，而只是下意识地觉得自己需要变成熟，觉得成熟了就是好的，或者是为了迎合别人对你的期待，希望获得别人的赞美，所以你才萌生了想变成熟的想法，这些所谓的"追求成熟"其实并无益处。

你不能只是单纯地去追求达到"别人的成熟"，你也不能活在别人对你的期待中。当你准备迈上成熟这条道路时，你一开始就要清楚，你所选择的道路应该是由你内在的动机所驱动，而不是对外界的迎合与追逐。

本质的转变真的很难，但你必须揭开以往自欺欺人的假象去面对现实，你不能再欺骗自己，你必须为自己负责，这些对于习惯了用心灵鸡汤和拖延来麻痹自己的你而言，的确是个太过艰难的挑战。但是，你不要放弃，不要因为害怕自己要背负上巨大的责任和你想象出来的许多麻烦而畏惧和逃避。

一个人一旦在意识层面对其自身建立了清醒的认知之后，就已经迈入成熟的门槛了，在这之后的每一步，都会是自然而然地不断成长。

因为你已经拥有了一种从生活中吸取经验和智慧的能力，对于每一件事，你都能够从不同的角度去剖析和思考，你也会有意识地去选择有利于自己成长的环境，去做有利于自己成长的事。你会时常进行自我反思和内省，这种反思和内省会令你不断地自我完善，越来越成熟。

在你迈入了这个门槛之后，对你而言，成熟只是一种附属品，它只不过是在你追求自我、实现自我的道路上捡到的一颗漂亮的小石头而已。在这个旅途中，还有更多美好的东西也会随之而来，像爱情、事业、金钱等。

若你的眼中的成熟只局限在爱情或是金钱，你就是在舍本逐末了。有时，你越是热烈地追求爱情，你越是得不到，你越是强烈地渴望成熟，你反而会越来越幼稚，因为爱情或者成熟只是你人生追求自我实现这个终极目标道路上的一部分奖励，如果你不走上这条道路，你就无法得到。但你一旦踏上了这条道路，这些小小的奖励对你而言反而又没那么重要了。

如何该如何建立清醒的自我认知？

当我们谈论这个问题时，你往往会下意识地以为，清醒的自我认知就是知道自己有哪些特长、有哪些缺点、擅长做什么、不擅长做什么等，从你的情感、性格、人际关系等各个领域来确定你的特长。或者，你以为我们需要通过精神分析的方法来理清自己的原生家庭和成长环境等对自己心理状态造成的负面影响。又或者，你会通过性格分析测试、心理测试、手相、星座等一些方式试图来证明自己属于哪一类人。

我们总是受到线性思维的限制，误以为建立自我认知就是把自己具象为一些明确的、用外界的标准可以衡量的特征、习惯或倾向。

以前，很多人咨询我怎样建立自我认知时，我都会回答他们：你要接受自己的现状，然后知道自己要什么、不要什么、喜欢什么、不喜欢什么等。但是当我建立了自我认知之后再回过头去看，发现自我认知并不是靠这种具象的分析而建立的，对大多数人而言他们根本就不可能知道自己要什么、不要什么、喜欢什么、不喜欢什么。

我们的情绪和感受有很多是无法用语言概括的，我们的情绪、感受、心理状态无时无刻不处在变化之中。

比如我说我喜欢写作，但是我真正喜欢的，也许是写作时能将情绪和欲望以另一种方式转化和宣泄的快感，也许是喜欢文章发布之后读者的赞美带给我的虚荣和满足感。我如何能确定自己到底是因为哪个因素而喜欢写作呢？也许今天写作是因为想表达，明天写作是因为虚荣。

如果你试图通过将自己判定为一个什么样的人来建立自我认知，这种做法其实是对你自身的一种限制和伤害。

你通过自我分析把自己判定为一个积极的人，但当你处在消极的状态中时，你就会觉得这不是真正的你而去否定和逃避自己的真实感受。

自我认知不是给自己下定义，也不是给自己贴标签。

自我就像一条随着时间不断流动、不断变化的河，我们自身的复杂程度远远超过我们的认知能力，没有人能够完全认清自己。我们唯一能够认知自我的途径是，诚实地活在当下。

我们只能把握住当下这一刻的自己，我们也只能了解和认清当下的自己。一旦我们能够诚实地活在当下，我们自然而然就会表露出自己真实的状态，在这种真实状态下我们才能认清自己。

在我们过去的生活中，我们都习惯了伪装，习惯了表现出别人期待中的样子，习惯了扭曲自己的真实想法和感受，在这个基础上的自我都是虚假的，都是戴着面具的。

你的面具戴得太久，越是试图揭下面具，越是不想虚伪，越是试图表现出真实的自我，你反而会陷入虚无和迷惘中，你反而不知道自己该怎么做了。

　　真实自然的状态不能通过刻意的追求而达到，你越是刻意，越是追求，反而离得越远。你不需要在乎自己的状态是不是真实和自然的，你只要全然地保持觉知投入生活就足够了。

　　你当下这一刻在做什么，就全然地投入。吃饭就纯粹地吃饭，仔细地品味每一道食物的美妙；悲伤就全然地悲伤，认真体会自己的情绪……

　　你看到此处，也许会觉得我所说的已经和如何变得成熟没有多大的关系了，但是你要意识到：所有表面上的问题需要从深层次探寻根源才能得以解决，只有改变了根源，我们的外在才能真正随之改变。

06　改变人格模式

在过去的生活里，我曾长期作为一个"讨好者"的形象出现。我总是活在别人对我的期待中，我总是不停地追逐着别人对我的认可，我总是像个卑微的奴才一样去满足别人的需求。

大多数的"讨好者"越是想寻求别人的认可，越是讨好别人，就越会被别人不当回事，越会被别人看不起，"讨好者"就越会觉得自己一文不值。

做一个"讨好者"是对自己最大的伤害，也是对自我价值、对生命最大的践踏。我们没有必要去讨好任何人，我们凭什么要对别人低声下气？我们何必为了别人而活着！我们为什么就不能理直气壮地做自己呢？

这些年我一直在寻求从讨好别人的模式中走出来的方法，看了很多书，做了许多尝试，走了不少弯路，却因为过去习惯性讨好别人的行为模式和对现实错误认知而挣扎徘徊了许久。现在，我终于还是从一个"讨好者"蜕变成了一个自尊自爱、不再动辄低下头颅的人。

如果你也有与我同样的困扰，如果你也和我一样发誓不再对别人低声下气，如果你也希望变得自尊自爱，请你静下心，逐字逐句的读完下面这篇文章。

如何走出讨好型人格的困境？

讨好型人格的外在表现

①内心敏感脆弱，有同理心，总能敏锐地察觉别人内心的想法。喜欢为别人着想，总会刻意忽略自己的需求和想法，害怕自己为别人添麻烦，当获得了别人的帮助时会受宠若惊，感觉自己承受不起别人的恩惠。

②很难拒绝别人，即便知道对方的要求不合理也会习惯性地硬着头皮满足对方的需求。万不得已拒绝了对方，会觉得非常愧疚与惶恐。

③在与他人的交往中倾向于抬高别人，贬低自己。

④非常在意别人对自己的看法和评价，因此很少会表达自己的真正需求，总是试图在别人面前营造出善良、平和、大度

等没有攻击性的好形象，对社交中的争吵、尴尬、意见冲突等负面的状态会感到十分不安，总是试图营造出和谐的气氛，甚至不惜牺牲自己的利益。

⑤在社交中表现得很不自然，因为总会担心自己会给对方留下什么样的印象，或者担心说的话不合适，等等，使其在社交过程中无法坦然地表现自己，反而会在社交中遭遇各种尴尬。

⑥大多数行为是为了迎合别人的期望，获得别人的认可。

⑦缺乏底线和原则，非常能够容忍，或者说意识不到别人对他的"逾规"行为。

⑧其自我边界模糊，会想当然地以为别人也和他一样没有边界，会因为能够轻易打破人与人之间的交流界限而很容易和一些人变得较为亲密，但又会因为得不到别人更多的回报和关注而更加痛苦。

讨好型人格的内在心理

①讨好型人格会像上瘾一样不断讨好别人，其潜意识中最大的一个动机是期望他所讨好的对象能够给予他更多的回报。

讨好型人格一般羞于用语言表达出对别人的需求，他们只会暗示他所讨好的对象能够给予他回报，这是因为"讨好者"

内心敏感，总能敏锐地觉察出别人的需求，因此他以为别人也会同他一样能够觉察出他的需求。

"讨好者"的同理心和心理敏感度其实远远超越常人，所以一般人在多数情况下根本体察不到"讨好者"的需求。

大多数"讨好者"意识不到这一点。他们总以为讨好对象能够理解他们的需求，所以在讨好对象没有满足他们需求的时候，他们只会付出更多，期望讨好对象能够觉察到他们的需求并给予回报。

随着"讨好者"的付出越来越多，他们就越来越难以停止讨好，就如同买彩票的心理一样，"讨好者"投入了太多的成本之后，他们往往不甘心令自己所有的付出都化为幻灭，因此只能陷入无休止地讨好并期盼着别人的回报这样一个恶循环中。

②"讨好者"的内心是空虚的。因为他们将全部的关注点都放在外界和别人身上，他们只能通过不停地乞求别人关注与赞赏来填补内心的空虚。

他们很少关注自身，他们几乎从来没有为自己而活过，所以他们自始至终都没有去追求自己的理想与目标，他们也很少会主动去做自己真正想做的事，他们自始至终都没有强大的内心，也从来不会主动地去培养内心的充实感，也就没有来自内心深处的力量给予的滋养。

如果你是一个"讨好者",请认清关于你自己的一个事实:你从来不关心自己,你从来不主动使自己的内心充实,所以一直以来你的内心都处于一种空虚和匮乏的状态,因此你只能通过追逐外界的认可和关注来暂时填补你的空虚和匮乏。

外界的力量是你无法控制的,内心的空虚永远无法用外界的力量来填补,你必须真正理解并且接受这一点,然后你才能明白任何讨好他人的行为都是毫无意义的,因为这不会给你带来任何帮助和满足。

在你的世界中,最重要的永远是你自己。你必须为了自己而活,你必须为自己负责,没有任何外界力量能够帮助你,只有找到自己真正想做的事,努力改善你的生活,令自己成为一个更好的人,你的内心才不会空虚,你才能将这种空虚转化为充实和富足,才能给予自己内心安全感和滋养。

③通过为别人解决问题来逃避对自己的责任。

每个人在生活中都会遇到许多问题与痛苦,区别只在于那些心智成熟的人能坦然地面对并接受这些问题和痛苦,而"讨好者"却因其脆弱和敏感而往往无法承受自身的痛苦,他们也不愿意付出行动去改善自己的生活。

其实"讨好者"在潜意识里知道自己是脆弱的、懒惰的，但是为了逃避这种负面的评价，他们会通过帮助别人解决问题来证明自己："看，其实我是有解决问题的能力的。"当他们讨好别人、为别人付出的时候，他们的内心深处会有一种愉悦感，他们会感觉到自己是有价值的，他们也能以此为借口："我能够帮助别人解决问题，所以我当然也有能力解决自己的问题，我只是不想去解决自己的问题而已。"

即便你和你的讨好对象遇到了同样的问题，你能够帮对方解决这个问题，也不代表你也能解决自己的问题。你心里其实很清楚，你是轻松的、毫无压力的，当问题发生在你自己身上时，你会很紧张，会有难以承受的巨大压力。

虽然你的确很脆弱，没有勇气面对自己的问题，也没有能力解决问题，但你不用因为需要面对自己身上的负面因素而焦虑，如果你能接纳这些负面因素，你反而能因此变得更加强大。

如果你无法接受自己的真实状况，你就会选择逃避。

④ "讨好者"在社交中倾向于抬高别人，贬低自己，是因为当他们在社交中处于弱势的时候，这种方式能带给他们安全感。

这主要是因为"讨好者"在早期成长过程中受负面事件的影响，一般他们的成长环境中充满了强势的人，总是会别人否定、批判，甚至是打骂，而自己胆小害羞，不敢表达自己的诉求，害怕发生冲突，也害怕和别人平等交流。一旦他们表现出真实的自己，必然会有一部分不符合别人的期望，为了不被否定、批判和打骂，他们只好表现出顺从，通过伪装自己、放低姿态来迎合别人的期望，从而避免被伤害。

这种认知模式会在"讨好者"之后的成长过程中造成影响。他们总是会认为别人无法接受真实的他，总会认为一说出自己的想法、表现出自己的态度，就会被别人否定和拒绝，害怕曾经的痛苦再次出现。

当他们在与人交往时，为了避免冲突和被否定，他们会在一开始就放弃主动权，他们会完全按照别人意愿去做，会尽力满足别人的需求和期望，他们会一直小心翼翼地维护着对方的感受，生怕对方稍有不顺便会否定自己、离开自己。

但是，你已经是一个成年人了，你已经拥有了养活自己的能力，你已经不再需要从别人那里来获得关爱了。

在成年人的社交关系中，对方如何看待你，只取决于你个人的价值，你的任何讨好行为不仅不会令你和对方的关系变得更好，反而会降低你在对方心中的价值。

所以，你完全不需要在意别人会如何看待你，或别人会如何对待你，你也完全没有必要讨好别人，你需要做的只是关注你自身，努力提升自己的价值。

当你拥有了足够的价值，别人自然会尊重你，你期待的需求别人才会满足你；若是你没有足够的价值，再多的讨好都没有用，别人反而会在心底贬低你、看不起你。

讨好型人格的形成原因

讨好型人格形成的最深层次的原因，是讨好者小时候在原生家庭中没有得到过父母"无条件的爱"。父母对他们的爱都伴随着条件，只有当他们表现出父母期望的样子时，才能得到父母的关爱和赞赏。

当他们达不到父母的期待时，就会被父母否定。在幼儿时期，父母无疑是孩子心目中最大的权威，他们的生存与安全感完全来自父母，所以来自父母负面的信息会给他们造成很大的心理阴影，为了逃避或不再感受父母否定的痛苦，他们不得不隐藏起自己的真实需求和想法。

幼儿是很难独自面对和承受外在压力的，这个时候他们就会刻意地想去做些事来迎合父母的期望，从而获得父母的关注和赞赏来减少孤独感。久而久之就形成了习惯，甚至会把父母的需求内化为自己的需求，认为满足了父母的需求就等于满足了自己的需求。

　　这就成了他今后对所有亲密关系的认知定式："真实的我是没有价值的，是不值得被爱的，无法获得别人的认可和关注。只有当我满足别人的需求和期望的时候，我才能获得别人的关注和爱。"

　　第二个原因在于，在"讨好者"的认知中，获得别人的认可与赞赏的途径只有讨好这一种方式。

　　由于"讨好者"的心里太过无力和空虚，他们从一开始就直接忽略了通过努力工作做出成绩或提升自身能力等方式来得到别人的欣赏和认可。从这个层面上来讲，"讨好者"是懒惰且不求上进的，他们就和那些幻想通过买彩票发大财的人一样。

　　在他们看来，讨好别人是获得别人认可的最容易的途径，只需要多说几句好话，装出善良无害的样子别人就会认同和赞赏自己了。但是这种廉价的认同与赞赏不过是他们用来填补内心的空虚和无力的手段而已。因为廉价，这些来得容易，去得也快。"讨好者"若醉心于追逐这种廉价的认同和赞赏，只会越来越沉迷于内心的空虚和暂时得到满足的假象之中而无法自拔。

　　第三个原因是，讨好已经成了"讨好者"的一种习惯，成了他人格行为模式中固定的一种。讨好模式已经在无意识中成为自我认知的一部分，成了他潜意识里对自己的定义。这一点其实是大多数人的心理和认知问题很难被改变的最深层次的原因。

　　我们的行为习惯、思维习惯、认知习惯等构建成了我们的人格模式，我们的人格模式一旦形成就会变得十分稳固，因为人格模式将我们的各种习惯和行为等全部联系并且糅合在了一起并将其固定住，即便我们只是想改变人格模式中一个非常小的点，但改变起来却是要将自己全盘否定，将自己的整个人格模式全部改变。

　　所以，我们时常会听到："我懒就是因为我懒啊，如果我不懒了那还是我么？""我爱吃甜食就是因为我爱吃甜食啊！"……

　　这一类人不愿意改变自己的缺点是因为在他们的认知中，这些缺点或行为是他们自我认知的一部分，改掉了这一部分会让整个自我都被否定，"我"就不存在了。

　　但是这种自我认知只是我们意识层面对自己的一个固化的定义，实际上并不存在一个固定的"自我"，"自我"是可以重新塑造的，也不存在改变了身上的某个习惯、某个点，"我"就不是"我"了。

　　固化的自我认知只是为了维持自我的情绪、思维、意识等保持在一个稳固的、不会轻易崩溃的状态中，意识到了这一点，你就能明白坚持固化的自我认知实际上是对自我的限制，同时我们也完全可以改变我们身上的任何方面，这并不会影响"我是谁"。

如何改变讨好型人格

　　人的自我认知是在客观与现实因素的前提下对自我的主观评价。这里有两个方面：一个是客观与现实因素，一个是主观评价。

　　当我们在思考如何改变自己的人格或自我认知的时候，往往是因为我们处在和别人的交谈或阅读的情境下，因此我们会习惯性地只集中在"主观评价"这个方面。当"讨好者"试图通过阅读或者咨询别人找出解决方法的时候，他们所期望的是别人能给几句令他们恍然大悟的道理然后就能实现改变了，只想靠"想"与"思考"来解决问题，而忽略最重要的实际的行动与付出。

　　不仅仅局限于"讨好者"，我们人类的大多数心理或精神层面问题的解决都必须要通过行动与付出来改变"现实情况"

才能奏效。

但凡涉及"改变自己"的问题，你得清楚你要的是实实在在的改变，你今后的行为模式要变得和以往不一样，你需要去做一些你以前不会去做的事，你现在的生活状态也必须要向另外一种状态转变。

不要再幻想仅仅看看书、思考一下问题就能自己解决了，唯有行动才是改变的唯一方法，单独意识层面的明白，没有多大的意义。

意识到这一点，是你改变讨好型人格的第一个前提。第二个你需要明白的前提是，改变需要时间。

你不会看了篇文章后马上就能有所改变，也不会在只尝试了几次文中的方法之后就能马上改变，即便你现在觉得自己顿悟了，觉得自己找到了方法，那也需要很长一段时间的行动和努力后你才能真的有所改变。

这个转变所需要的时间通常比你所想象中需要的时间要长得多，也许是一年，也许是两年，也许是三年或五年，但是它永远没有你想象中那么快，也绝对不会如你想的那么轻松。

习惯了逃避自己的责任、习惯了用幻想来解决问题的你，总是会把问题想得太过简单，一旦你真的决定改变自己，这个改变的过程会充满痛苦、煎熬和焦虑。你要一点一点地否定过去的自己，你要硬生生地逼迫自己改变过去的行为习惯，你要承受在得不到别人的关注的状态下独自面对内心的空虚，这个过程充满了艰苦，它绝对不是你想象中那样简单。

还有些思维狡猾的人会将"需要很长的时间"解读为"只要熬过一段漫长的时间改变就会自动降临到我的身上了"，然而并不是这样的。

你能否有所改变与你熬过多长时间没有丝毫关系，时间不会自动为你解决问题，你能否改变只取决于你为改变付出了多少、做了哪些努力。如果你习惯只付出三十分的努力就幻想能得到一百分的回报，那绝对是不会实现的。你不为此付出足够的努力，无论你熬过多么漫长的时间都不会有任何作用。

现在你已经了解了两个前提，接下来说一下改变讨好型人格的三个方法。

① 停止讨好任何人

从现在起，不再讨好你身边的任何一个人。

你可能已经开始不停地给自己找借口："我还指望老板给我发工资，我怎么能停止讨好他呢？""我很爱我的女朋友，我不讨好她，她离开我了怎么办？""我现在只有××一个朋友，我不讨好他，岂不是会变得非常孤独？"

　　首先，你会产生这样的想法是因为你对于"不讨好别人"的理解是错误的。你以为不讨好别人就是完全走向讨好的反面，不讨好别人就是对别人冷若冰霜，就是不再帮助别人。不讨好别人的真正意思是"用一种正常的方式去和别人交往"。该笑还是要笑，该帮忙还是要帮忙，只不过是在你该表达愤怒的时候也要表达愤怒，该拒绝的时候就要拒绝，你只是不要再像以往那样摆出低姿态讨好别人了。

　　当你开始付出行动的时候，当你试图正常地和别人交往的时候，你总会不由自主地回到过去的讨好模式中。因此，在接下来的这段时间里，你不妨带着清醒的觉知尝试着进入到讨好的反面，摆出高姿态，冰冷、拒绝、强硬、不妥协，不要在乎他人的看法和感受。

　　我知道，这听起来很疯狂，但我也的确就是用这种方法逐渐从"讨好者"的状态中摆脱出来的。当你很强硬时，当你摆出高姿态时，你会发现这样的你反而能得到别人更多的关注和认同。这时，当你回过头去再看以前的自己，你才能真正理解"你完全不需要讨好别人"，你才能逐渐从讨好模式中走出来。

　　② 培养内心的充实感与富足感

　　"讨好者"的一切讨好行为，是源于内心的空虚与匮乏。他们无法填补内心，所以不得不从外界寻求关注和赞赏。

　　如果我们能够拥有一颗强大的、温暖的内心，我们就能随时用自己内心深处的力量来给予自己滋养和支持，我们就不会变得迷惘，我们就不会被别人的评价和看法影响，我们就能坦然地接受外界的赞美和贬低，我们就不会在任何人面前低下头颅，因为那毫无必要。

　　那么，如何自己填补内心的空虚与匮乏？

　　这没有具体的方法或步骤可以传授，因为这完全是你自己的责任，你只能自己去摸索，任何其他人的经验都不能供你借鉴。在关乎成熟的道路上，任何试图走捷径的行为都只会令你在未来付出更大的代价。你必须自己去面对这迷惘，独自走一条没有任何经验可循的道路。

　　我唯一能够向你保证的是，一旦你决定开始有意识地追寻内心的力量，从你下定决心那一刻起，你内心深处的力量就已经被唤醒了。只要你走上这条道路，那么接下来不管你是向着哪个方向迈出步伐，你的内心都会越来越充实。

　　③ 培养一个能带给你成就感的爱好/努力做好你的工作/发展你的兴趣/学一个新技能等

　　从理论上来讲，我们只要拥有了强大的内心就不会再去讨好别人了，但是在你还没有达到这样的状态之前，你的内心还会一直空虚和匮乏。

　　为了防止你因为忍受不了这种空虚而忍不住地想讨好别人，你得从可以控制的事情中获得力量来帮助你渡过这段艰难岁月。

　　拾起一个爱好、兴趣，学一个技能，做好一份工作，这些都能够带给你成就感、自我满足感、自我认同感，还有别人的关注与赞美。这时候，别人对你的关注和赞美不是你通过讨好得来的，而是因为你为自己的工作、爱好等付出了努力，你在这些地方证明了你的价值与能力，所以别人自然会给予你关注和赞美。

　　现在，你想好自己要发展什么爱好、培养什么兴趣了吗?

　　关于我所说的一切，只希望你能够真正理解并愿意付出行动，希望你不要再追逐别人的认同，希望你停止对自我的贬低，希望你学会关注自身，希望你学会真正爱自己。

　　不要让本该属于你自己的灿烂的一生在讨好别人中被埋葬和虚耗。